金小安 著

别着急，
反正一切来不及

中国出版集团　现代出版社

目录 CONTENTS

目录 CONTENTS

目录 CONTENTS

目录 CONTENTS

这辈子，
遇到爱或遇到性，都不稀罕。
稀罕的是遇到理解。

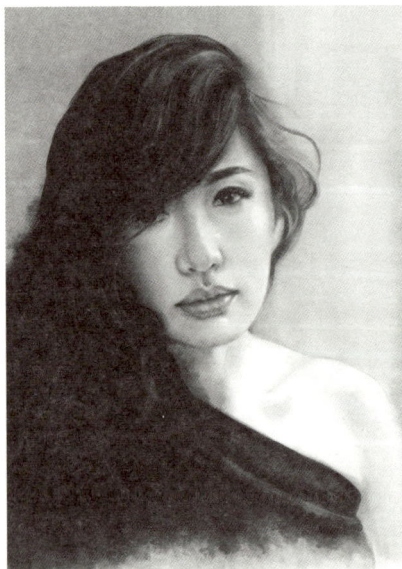

序

不知道处女座从何时开始变成了一个常年被黑的星座。没错，太阳处女，上升天秤，月亮双子。我就是个不折不扣的女神经病。和 Tan 认识快十年了，我们是那种互相不感冒，也不会来电的好朋友。2006 年，在上海相识，那时候他是插画学校的老师。那个年代互联网沟通刚刚开始疯狂地流行，在他学校的网站，我开了博客，我写他画，我们是一组从未谋面的好搭档。如果这个世界真有柏拉图式的不需要见面的网恋，我想，我们说不定真的会相爱。记得有次在 MSN 上我们聊天，"等有机会，咱俩出本书吧？"没想到，我这个半吊子的处女座，外加一个拖拉的巨蟹男，一耽搁，就是近十年。

一直没有想好这本书的名，"千言万语"？貌似有点儿太俗。"只言片语"？但我想告诉大家的，又不止只言片语那么简单。网络上看到一句话："这辈子，遇到爱或遇到性，都不稀罕。稀罕的是遇到理解。"我想，就叫"别着急，反正一切来不及"吧。难得能遇到相知之人，也希望，这些个触及我们心灵的胡言乱语，美丽的插画及摄影，能给你带来静谧的快乐。

这些图文，
代表着她和我的
一些心路历程、所想所感。

序

我和安小球儿相识在上海，一个多雨的季节里。那时她回国工作不久，正憧憬着新的生活。两个陌生人相互认识，对于我来说真的应该是见一面，至少一起喝个下午茶、聊聊人生理想。但因种种原因，在上海的日子里，我和她并未相见，只是经常网聊。记得最接近面对面的一次是相约在衡山路的某家餐厅，雨景颇妙，怎料它在重新装修，最后竟还是错过。她是那种看起来并不激进，却始终坚持自己理想的女生，轰轰烈烈是她在行侠仗义时的一种情怀。

很多人说，瞧，我准备开始写作，但大都只是在准备中。而她就真的着手创作，安静而不显张扬，并且能坚持，无论是在香港、北京或国外，她都能抽空写作，那些对生活的感悟不时穿插在给我的电子邮件之中。在上海那阵子，她经常上我的网站看插图。某天她说："不如我写文章你来配图吧？"我一听就觉得是不错的主意，欣然允诺。由此，十年松散的自由创作便开始了。其间的跨度不短，这些图文，代表着她和我的一些心路历程、所想所感。就算是，在红尘之中的一份纪念。

沈翔

IF WE GO DOWN,
WE GO DOWN TOGETHER

前天我把这句歌词放在了朋友圈，好多人问我：

"什么意思？"

"你怎么了？"

"给谁写的？"

"要干吗？"

意思很多，视于你如何诠释。

可以普通地解释为，如果要走，我和你一起走；或者文艺地翻译，如果逝去，那么请一起；再或者，色情地宣扬，我们充满激情地去舔舐彼此。突然发现自己在加冕意义的这件事儿上属于自娱自乐型，也不知道是好是坏。

可这并不完全是我想说的。

长这么大，有没有那么一个人，让你愿意用一切去交换？比如金钱、比如事业、比如人脉、比如家庭、再比如灵魂。你一定会说，如果这些个东西都没有了，我要个人还有屁用。

昨天某男星出轨的消息纷纷扬扬地刷了整个朋友圈。出来道歉、舆论调侃、相安无事、继续行尸走肉，这貌似已成为了现代社会中出轨的必备流程之一。有钱的有名的有才气的，无一幸免。

我们说，爱是什么？
爱是恒久忍耐，爱是不顾一切，爱是破盆儿不能破摔。我一直坚定地认为，但凡玩出火的，就不要提及剩余爱的比例。不是不允许犯错，只是镜子这东西，一旦出现裂痕，很难弥补。

在一个大家都关注着美国大选对世界局势影响的年代，等待着美金浮动、黄金上涨、权衡着人民币下跌比例的年代，出轨貌似真的算不了什么。信条这东西，貌似早就荡然无存了。有多少人婚前，还会对未来有着期待感，面对着彼此，内心能洋溢着无比的幸福？又有多少人婚后，还能抱着曾经的激情，去拥抱自己的爱人？

人们总说，
感情有风险，入市须谨慎；

人们还说，
玩儿什么都不要玩弄感情。

如果你从来都没爱过，
那你真是白来一趟了。

跌倒了你还会再爬起来吗？

IF WE GO DOWN,
WE GO DOWN TOGETHER.

希望你懂。

活着

"性感在于你裸露的脚踝，而不是你穿的鞋。"

生活就像高跟鞋，要想穿得漂亮，就得忍痛前行。

曾几何时，准备去蜜的婚前派对，穿了一次没碰过的电光蓝 Roger Vivier，刚出单元门口细跟就卡进了井盖，扶着墙匍匐着上楼换了对一脚蹬。到了现场，我蜜那叫一个翻白眼。走红毯的计划，一次次因为自己掉链子而告吹。

还有次穿了 Net-A-Porter 新购的最低跟尖头小红鞋，本想着这么短的跟应该舒服些，结果还是磨得钻心，大街地摊上买了对人字拖，人生瞬间开朗了。

　　若干年前我在微博上写过一句话，"生活就像高跟鞋，你想要穿得漂亮，就需要挤脚忍痛前行"。当然，我相信这世界有人天生具备穿着大高跟走红毯的才能，并保证走得潇洒有范儿，不拧巴、不磕掉门牙。

　　But it's not me.

　　前天出门前我妈说，呃，要不你擦擦鞋，本来挺白的，或者换一双？我说，不，我赶时间，然后一溜烟地穿着我的哈利·波特拖地大衣和白球鞋飞出了门。某人见状说，你和时尚之间，差了一双鞋。

可是平底鞋就是好舒服，好舒服。舒服在这个年代不单单是一种体会，更是一种生活态度。

对于白色的球鞋，作为一个爱看球的"80后"伪球迷，有着无法言喻的情结。当年教室里下了体育课，整个房间充满了青春和臭球鞋的味道。我说的不是高大上的三叶草，也不是有花纹的复古版回力，而是白色的帆布球鞋。

去年在 NY 火到不行的小白鞋，甚得我心。每一个爱买鞋的人，也许有很大或很小的脚，再或者，TA 想走很长远的路。

无论穿多美的鞋，高跟还是平底，球鞋或者人字拖，
想要性感起来，
你得有对性感的脚踝，和昂起头来追逐太阳的内心。

春天到了，柳树杨树什么的都要发芽了吧？
去买白球鞋吧。

> 所有的人，起初都是空心人，所谓自我，只是一个模糊的影子，全靠书籍绘画音乐电影里他人的生命体验唤出方向，并用自己的经历去充填，渐渐成为实心人。而在这个由假及真的过程里，最具决定性的力量，是时间。

——三毛《空心人》

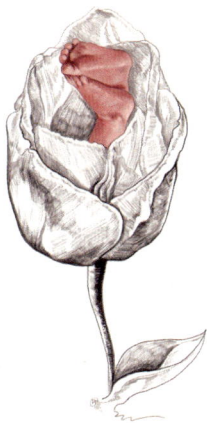

过去的我们都曾被岁月的侵蚀镂空，变得如此虚无，感谢相知之人，我们一点点地，被再次填满充实，找到方向，看到光。

眼泪在眼眶里面不停地打转，望着窗外，给了你一个浅浅的微笑。

我们每次都去一个陌生的地方，走着走着就用完了青春。我想清醒地活着，努力地感受，用力地爱，无论廉价与高贵，只要这一切够真实。

黑夜不是黑暗，是裸露的璀璨。
"We just don't ever know enough,
or have succient time to think enough"

其实我们又有多了解自己，
抑或，
我们又是否真的想去了解。

"道路就是生活。"

谁又不是 en route，我们不过
是想要有血有肉的刺激。
我想有些性感，是随时随地的
turn on。所有的 detour 都是诉求共
同终点的表达。

在我们都彷徨得跌跌撞撞时，

有些人，

却懂了。

"理解"在某种程度上，是经过了一轮自虐的重生。所谓的"明白""我懂"的背后，都是深深的痛。

文艺青年们，你们看过《恋爱的犀牛》吗？有个朋友告诉我，曾经以为强大的是感情，其实真正强悍的是命运。

青春在欢乐、吵闹、疲乏和复燃中纠结着度过每分每秒，走了。我们都老了。

而认真的人，都美丽得光芒四射，让周围的懒惰变得刺眼。

W.Y 说，你所拥有的都是侥幸，你失去的都是人生。反之，我说，你所拥有的才是真实的人生，失去的反而是上帝赐予的侥幸。

它没有巴黎的浪漫，也没有纽约的匆忙。它从不嚣张，也无霸气。当黑夜降临，它睁开浪漫的眼。你爱，它奔放地欢迎；你走，它坦然相送。

Bonne nuit. Montré al.

很多时候我在想，

你若不懂我，

该有多好。

村上春树是个跑者。

我，是个跑者。

每天最少 5 公里全年不间断，一年 1800 公里。跑步不是为了瘦身，是活一个更健康的自己。那些觉得熬不过去的岁月，伤透的心，累得不能再用的大脑。跑起来，有咖啡，一切都可以重新开始。

真正的孤单，不是你只身一人，而是在匆忙的人群中你伫立很久，却没有一个能懂你的人。

如果人生是一场喜极而泣的话剧，就让离别的时候，我们都转身默不作声吧。

新年快乐。

回头看到幸福，向前看到希望。

Hello New Year！

失去 / 离别

世界真大，大到茫茫人海也能遇到你。
世界真小，小到近在咫尺居然丢了你。

电话的那端响起："您呼叫的用户已关机。"我们所有的记忆像个飞碟一样，高空坠落击中我，那曾经的曾经，那说不够的"我爱你"，那

Lost to/from don't

些不嫌多的海誓山盟，终于，还是够了。

听他的歌，就像读海子的诗，顾城的话。感悟不感悟，还得看身边坐着谁，经历了什么，爱得与否。

竟然在最难受的时候，也无法像孩子一般号啕大哭。

有些人，
我们想不起来是如何道别。
貌似一转身，
就再也不会相见。
无法再见，
不想再见。

> 我渴望有人至死都暴烈地爱我，明白爱和死一样强大，并且永远地扶持我。我渴望有人毁灭我，也被我毁灭。世间的情爱何其多，有人可以虚拟一生共同生活却不知道彼此的姓名。

——珍妮特·温特森

暴烈地爱，我们仿若吸血鬼一样被暴晒在艳阳下打滚，不怕被灼伤的疼。一片狼藉，我不知如何收场。

小时候的课桌，刻下了多少成长的记录。长大后的日记，又记载了多少的心酸的点滴？没有一张和你的合影，却满是关于你的记忆。无法追忆的过去，在心上却刻了一个抹不去的你。

在谈恋爱还没人坐摩天轮的年代，在大家都不懂得珍惜的岁月，我们都只顾着昂起头不顾后果地奔跑。原来你在最好的年月，把最简单的幸福给了我。

"所爱隔山海，山海不可平。"
也许正是因为这遥远的距离，
崎岖的路途，
我们才会挽扶着努力前行。
也正是因为山与海，
我们才能有空坐下来畅谈人生，
欣赏风景。
可是我们相隔，山与海。
可是，山海，不可平。

最钻心的疼，
不是说你有多疼。
而是就算在沉默的空气中，
你都能听到撕裂的声音。

今天穿了第一次和你发生关系的那件衣服，

已经干洗过了，

却能清晰地闻到你。

原来记忆，也会散发味道。

董小姐

其实安河桥下，并没有清澈的水。

在一片不高的钢筋水泥路边，我们点了一支你特意买来的"兰州"。抽完了呼吸了一口污浊而抑郁的空气，各奔东西。是不是在所有现实击垮幻想的刹那，大家都会背身而去，黯然泪下。趁着还没有烙下伤口，仓皇而逃。

终于能有空，来写写这首歌。迄今为止，每次听，依然觉得那吉他弦拨在我的心尖儿上。

第一次听，是坐在慧的车里，临近午夜的京城，她开车送我回家。车里突然放起了"董小姐"，穿梭的车流，孤单的四环，我们听着听着灵魂都出了窍。

其实安和桥下，并没有清澈的水。为了验证这一点，我们百度导航半夜驱车到安和桥，坐在车里，也并没有抽完叫兰州的烟。

世界上哪一段不期而遇的邂逅，最后不是分道扬镳。

会有人告诉你，你是一匹野马，可我家没有草原。也有人说，我也是一匹野马，让我们一起奔跑。这一生你会遇到各式各色的人，爱你疼你想拥有你的，不爱不疼不想拥有的。每个人都是有故事的人，时间嘀嗒作响，自己谱写自己的乐章。

董小姐，我很好奇，最后你是否和那个让你"躁起来"的男孩，牵手回了家。

此时，电话的那端响起"您呼叫的用户已关机"。

末日

躲不过劫难，
就别留下遗憾，
珍惜身体，
好好活着，
努力地爱，
可劲儿躁。

"灵魂是我们身上的神性，当我们享受灵魂的愉悦时，我们离动物最远而离神最近。"

——周国平

现在美国越来越多的灾难片，有时候我在想，如果世界真的有末日，请在一切坍塌的那一刻，记得我们爱过。

不，爱着。

我们无法避免自己兽性的一面，我们贪婪、自私、渴望自由。愿灵魂这个游子，找到它最终的归宿。

爱情

他们说这辈子如果与相爱的人擦肩而过是最大的悲哀，你不觉得这再好不过吗？没有体会过钻心的痛楚，刻骨的分离，也许你会更快乐。

爱情，
从来就是个动词，
逸动在生命的每个瞬间。
它也像一个闹钟，
随按随停。

不要期待它的永恒。
动词是有过去式、
现在进行时和将来时的。
就像律动的火车，
一直向前，
人们上上落落，
停停走走。

爱着一个，像噩梦般的人。你甚至害怕梦到他，
害怕迎接翌日你最喜爱的朝阳。那暖而温和的太阳，
是梦醒的开始。

"爱情""爱"，这应该是一切美好事物的起源。

爱，应该是一顿简单的——
Breakfast-in-bed。

彼此想到对方的那股暖流，
这不是侥幸不是偶然，
一切都冥冥注定。

婚姻生活不应该是补漏洞，谁也不配填满谁的缺口。彼此各自完善，让对方爱上最好的自己。

你的手掌心，有着粗糙的纹路，它摩擦到了我心头最软的部分。好温暖，却很刺痛。

思念也有它的季节。

冷冷的冬，当我们无法把思念熬成缠绵的红豆汤，也不得一起颤抖去体会温柔，吹到了刺骨的风，这竟然是截在心口的伤。

什么是爱?

《圣经》上说:"爱是相互忍耐,又有恩惠;爱是不嫉妒,爱是不自夸、不张狂,不做害羞的事,不求自己的益处,不轻易发怒,不计算人的恶,不喜欢不义,只喜欢真理;凡事包容,凡事相信,凡事盼望;爱是永不止息。"

是这样吗?

这是世界上最难的表述,最刻骨的痕迹。如果它来,请不要走。如果它走,请别回来。

爱情是那种两个人都悬在半空,谁也不能撒手的坚持。

抱着一个明知道会离开的人说爱他,这感觉像极了留了长指甲却抠不起来掉在地上的硬币。

做完爱靠在他的怀里，疲倦并幸福着。空气里弥散着香烟、汗水和精液的味道。相拥着熟睡了，只有这样的疲倦，才能让我们忘记，不属于对方的彼此。

抱得太紧，会弄疼对方。请爱得再深一些，来弥补我们缺失的阳光。有人说爱得太深容易两败俱伤，但至少我们没有去抗拒，烈日的灼伤。

其实你不是多爱我，我也没有太优秀，只是我和她截然不同而已。我们怎么去做到转身不回望彼此的过去。

曾经我是个消极的处女座，相信爱情的存在，却从来不觉得它能恒久远。那些信誓旦旦的诺言，可以当作流行歌单的推荐单曲，听听作罢。花会凋零，人会变。可这次我推翻了所有的信条和原则。只为了一句：我想我爱你了。

爱得太火热，没空去讨论未来；不爱了，懒得去回顾曾经。思考的轮回，就是在爱与不爱之间徘徊。

张小娴说过："人的一生，只有做过第三者，才知道爱有多么凄凉。"

什么是幸福?

幸福就是爱一个不需要和别人共享的人。

无论他是否爱你;

无论你们最终会否在一起;

至少属于你的记忆,是完整的。

爱得太卑微,你觉不觉得自己像个乞丐,每天靠着他的施舍生活。

有人说,30岁以后才是会爱的年纪。因为不是年少轻狂的情窦初开,也不是对性爱的懵懂渴望,而是有过体会明白失去,懂得付出,学会维护的同时,完善了自己,遇到属于自己的对方。

心窝上的缺口,你恰到好处地将它填满,不留缝隙。原来我一直都是一个不完整的人,你的出现,让我开始懂得自己。你告诉我,这叫作爱。

爱情不是单方面的付出就可以得到对方的认可。好多人总是不解为什么我对他那么好却得不到回报?涉及灵魂这个层面,那些个所谓的胖瘦、贤惠和死去活来都显得毫无意义。只是,你不是他想要的那个人。

"灵魂有意,肉身麻痹"抑或是"肉体纵欲,灵爱偏离"。

爱可及,性可分。对于爱情与灵魂,每个人都有着自己的定义,奢望着灵与爱的结合,爱与性的高潮。

如果能经历一次刻入骨子、流入血液的恋爱,那是否厮守都不重要了。因为它的开始就是一生一世。

安 小 球 儿

Love and hate passionately

Smile to whoever comes by

Give the poor who is on spiritual path / Chat to them and learn from them

A ower in my hair

A board so customers can leave

their deepest thoughts under

the tibetan environment

Me in kraftan and sexy

probabby have 3 kids from ditterent fathers Play guitar every evening

Customers come and sing and dance watch stars at night

Occasionally smoke some weed That's what it meant to happen.

But I reversed it.

很有激情地爱与恨，
对每一个过路的人都微笑，
施舍那些精神世界的追寻者们，
和他们聊天和她们学习。

在发间别了一枝花，
提供给大家一个可以深思的空间，
充满了藏式风情，
我的皮肤晒得古铜性感，
也许有三个孩子来自不同的父亲。
每晚弹着吉他，
大家过来唱歌跳舞晚上仰望星月偶尔抽个"小烟儿"
这就是应该发生的一切，
但我把一切都调转了。
心怀美好，才能所向披靡。

经常有人和我诉苦，开导之余，有时候我会半调侃地说："你想想我，我经历的，再看看自己，就会觉得舒心多了。"我收到的回答往往都是："也对。"抑或，"我就指着你的故事活下去呢。"

我不想告诉你，在我身上发生过什么，或者发生着什么。每个故事除了当事人会有切身之痛之外，对于好多的围观者，不过是一个大家可以拿来励志，拿来逗贫的故事而已。世上可耻的，不一定都是有坏心眼儿的人，在我看来更是把自己的故事百般叙述且扮演弱者的人。有时候弱者之所以是弱者，是因为 TA 输在了起跑线上。

像我蜜说的，你给我起来，不要让自己看不起自己。

不要怀疑电影的真实性，觉得那都是虚假的故事。有时候生活甚至比电影还电影，感人也欺人。也不要责怪小说的故弄玄虚，一切的素材都取自生活。再大的雾霾你也能开心地滚床单、看电影、拍拖约会开心生活，从丹田开怀地大笑。

经常听大家说，他对我没以前好了；

热乎劲儿过了；

她现在越来越自私了……

其实你可以把每段感情都当作最后一段，尽最大的可能去努力，给到不能再给。

没有什么是白来的。

包括爱、宽容和所谓的"永恒"。

"你若盛开，清风自来。"

可你，若不盛开呢？其实清风依然会来的。

笑着哭，你就赢了。

大家都在看的小王子

　　年轻的时候看小王子，好喜欢他的单纯可爱。不懂他为什么离开了深爱着他的花；也不懂，为什么好好的狐狸，驯服了他却也不能长情相守？这貌似是个悲伤的故事。

　　这个给大人写的童话，承载了太多含义。

最不懂的，是那两个字"驯服"。为什么驯服就要负责任？为什么爱一个事物，要驯服呢？带着如此这般的问题，整个青春我几乎将这本喜爱的童话遗忘了。

前几天在飞机上重读，这一切，都不再一样了。

原来真正的驯服，是丝毫不费力气；原来真正的驯服，是因为有了爱与期待；原来真正的驯服，确实代表了责任与担当。

狐狸是对的。

驯服的过程，少不了眼泪，但这不是委屈的眼泪，而是心甘情愿的幸福。

　　我的蜜告诉我，其实她更喜欢狐狸。我说对，因为你就是，你的付出从不求期待与回报。

　　每个人喜欢的角色，就是自己的影射。我更喜欢花，她骄傲铿锵，爱面子，含着眼泪看爱人离开，用仅有的几根刺，来抵御外界的冰寒。

　　如果有天你说要离开，我一定也是捂着胸口的伤，微笑着给你一个最美的拥抱。

　　我们大人都忘了，自己也曾经是小孩。在爱你的人面前，这个事情才会被想起。

　　这貌似也不是个太悲伤的故事，只是看你如何阐述。

P.S. 小王子的玫瑰，一定是白色的。

很多年前，看过一句话：

> 何所谓安全感？就是你把孩子抛向空中，他明明知道会掉下来，却也坚信你会接住他，所以他咯咯地笑。

好喜欢这样清脆的声音，作为大人，我们都曾经被这样或那样地信任过。

恋爱或者生活中我们总是听到投诉，"你给不了我想要的安全感"。很长的一段时间，无法去评判它。这东西到底是什么，我一直不太确定。有人说怕黑的人没有安全感，可晚上睡觉我把灯都关了，听说这样褪黑素才能充足地分泌；有人说睡觉喜欢抱着东西的人缺乏安全感，可在人与枕头之间，我总是会毅然地选择抱枕头。

青春期的时候就想谈谈这个话题。

对于有些人来说，安全感是车是房是大钻戒，或者是各种信口开河的承诺。

如果说一个人无微不至的关怀，能带来安全感，那为什么好多时候，我们忍不住地挣脱？

如果说一个温暖的拥抱能带来安全感，那请问它能持续多久？

直到有个人告诉我，你不懂，是因为你没有感受过。

地球是圆的，总有那么一天，阳光会想方设法地照进你龟裂的每一个缝隙，暖暖的。贴着他的胸膛你就瞬间困倦，外面再大风雨你都不知畏惧。这不是衣来伸手，饭来张口，可感觉却好类似。突然地不再喜欢独行侠的潇洒，突然地枕头掉在地上再也不捡了。

老一辈会说哎呀，你长大了，变得温和了。天塌下来的时候，不再是一个人面对的感觉真好。

疙疙瘩瘩的路

　　北方的娃子们，不要看到标题就想到了漂着西红柿和鸡蛋花的疙瘩汤，我说的，是疙疙瘩瘩的路。

　　是那种，不被幸福眷顾的，下了车就只看到一团漆黑的夜路，曲折崎岖，走下来，一脚会磨出若干水疱的路。

　　那，还走吗？

　　生活这东西，有时候未必会像童话般美好，漫山遍野的花朵，彩旗飘扬，空气中充满了鸡汤的味道，心灵饱满地醉着。

　　如果你是那种吃了枪子儿也往肚子里咽的孩子，就不要羡慕会哭的娃娃们吧唧吧唧喝着进口奶；如果你强大到不需要别人来撑着天，那就不要眼红那些打着蕾丝伞遮阳的小贵妇。

　　路是疙疙瘩瘩的，你还走吗？

　　"你的孤独以及你所畏惧的，都将被锻造成钢"，这话谁说的来着？

给我一碗温热的疙瘩汤，
让我走完这后面的旅程。

我 的 幸 福

不 需 要 你 来 确 认

某蜜对我的爱称是："小翘妞"。

记得有次在公众场合我们这样
互相调侃，把周遭的男生吓了一激
灵。她老说，你倒个垃圾都能有艳
遇，小表砸。我心里默想：
其实我不喜欢看门老大爷。

以前有博客时候，我动不动会
写篇文章叽歪几句，某蜜老留言说：

呃，
注意抬头，
对颈椎好。

我说：好的。

　　我喜欢掐腰微微超过膝盖的小
黑裙，虽然身高只有160cm，腿粗
得像大象，还懒得穿高跟鞋拔身高。
可某蜜说，腰线是大妈和少女的分
水岭。

　　我喜欢过肩的长发，一弹一弹
的，最好偶尔放下来的时候还飘着
淡淡的檀香味。

　　我不会发嗲撒娇。扛饮水机的
大水桶，背孩子买菜拎东西，每样
都可以的。

最近小妞学尤克里里，早上刷牙听着火星哥的 Count on me，小屁股一扭一扭的。我想如果以后有个爱她的男人，看到这一幕可能会恨不得立马把她扑倒。

其实哪个女孩都不想那么坚强，但生活不是每天都有朝阳。在颠簸坎坷的路上，别忘了美丽，要散发给懂你的人。

女为悦己者容，这话没错。

"我过得好和我想让你们觉得我过得好"，写完了这个标题我觉得舌头都拧上了，真拗口。

可我想说的，确实就是这么两个事儿。

以前老有人和我说："哎呀你看，你多幸福啊！"每次我都会反问："你看见我幸福了？我天天吃安眠药睡觉的日子，你看见了？"有种幸福，叫你爸你妈你叔叔婶婶你朋友同事觉得你幸福。

幸福的区别在于：
有人愿意当演员，
有人喜欢写剧本，
而有人则是幕后的导演。

幕后，有些人只想安安静静地过日子，听听曲儿画画画儿，吃吃卤肉饭，饭后做个神仙吹两口烟。我们不想要别人知道生活的细节如何，她用哪个牌子洗发水穿几号的鞋，今天大便是否正常和老公做爱有没有高潮。

这一切都不关你的事儿，忙着幸福的手艺人，铸造生活这个铁壶，用心且不需要观众。我们只想过好这份简单，感受这份感受。

幕前，洗把脸吃个早饭需要让大家知道，我今天喝的是双份浓缩。明天换了辆车出门，晚上得和朋友聚会吃大餐，吃了半个龙虾灌了三杯酒。晚上微醺地回家，鞋子侧摆在门口还是 jimmy choo。想让大家都觉得我美丽幸福无人能及，留个鼻涕也用美颜相机来个 100 张自拍。

呵呵，也就只能呵呵了。

当然这一切的前提，是两人共处一个频道，这样才能稳步进行。要安稳就一起安稳，要走秀就一块儿走秀，那才对。

我的幸福不需要你来确认，慢走不送。

好多年前一次工作饭局，有个小妞告诉我，她手上红色指甲油叫作甲油胶，抠不掉的，能坚持两三个礼拜。后来方知这小妞是我的中国好邻居，多少个加班后的后半夜我们喝着大酒撸着大串儿串儿。一转眼过去，相亲相爱近6年。小妞儿，其实没有和你见面的日子，我总是不厌其烦地抠着撬开的指甲，不亦乐乎。

生活中有好多片段，你当时觉得特别有感触特别有意义，但是过劲儿了很快就不记得了。比如鸡汤、比如爱情、再比如教科书上的公式。

我记得曾经有个女孩，在我准备回国的暑假送我去机场，用不多的零用钱给我买了条项链，办好登机后还给我带了上飞机喝的矿泉水，那个年代还没有只能携带 100ml 液体的规定。

她说，飞机上干，多喝水。

生活的精彩就在于
总会有人突然地暖到你，无论男女。

我妈才赚几十块工资的八十年代初，居然花了几千大洋给我买了架钢琴。可惜了我烂泥扶不上墙，最后也没学出来个所以然。但这个事儿算是在心里永远地烙下了。那个年代的父母总是会不惜一切代价地成全你的梦想——

而你，就是他们的梦想。

前几天某明星公布了新恋情，大家纷纷讨论着他们的爷孙恋。虽然我不太喜欢撞脸的整容女，偶尔看看八卦照片也忍不住感叹，你麻痹的真好看。有时候好多事情都有两面性，很多人吐唾沫的原因也是因为自己够不着。

老一辈的人一说起来人生大计，就容易往沉重了想。经济来源、思想高度、生活磨合度。千万别因为一条路看不到结尾，就放弃了向前的动力，快乐这东西是稍纵即逝的，"爱情不是你想买，想买就能买"。

我有几个特别好的姐们儿真心是那种骂起人来能把人骂秃噜线的，我有什么事情叽歪、做得不对或者自己轴上的时候，她们绝对是第一时间杀到现场，精神上的大嘴巴之后立马拨乱反正。一个成年人能进步真的不容易，她们会无限度地支持你自 high，在危险的时刻第一时间揪着人后脖子让你离开。说到这里总是想到微信图标里面被抽嘴巴的兔子，难得的是抽完了我们还互相欣赏，用力地爱。

以前旺角地铁站周一到周六日就会有些小孩出来让你捐钱慈善买贴纸，开始是因为怕被纠缠所以总带些零钱在身上。
后来这居然变成了一种习惯，人家没找，我也主动送上门。有时候布施是个特别简单的事儿，坚持才是真正的高大上。

今天真是话痨了，其实就是想说请我们拥抱生活。

默 默 地

我从来不否认自己是尿包的事实，那些撕逼杀气
重重的掐架就不用预留我了，有我在只能添堵，或者
负分滚粗。记得最后一次看打架是 2006 年的夏天，
三个哥们儿喝多了在我家门口的火锅店撕起来，满墙
喷血，我走到树坑默默地吐了，嗯，默默地。

记得以前上学时候曾经喜欢过一个学校的香饽饽。

现在回忆起他长得不过是比较像七喜可乐的小人儿，高高瘦瘦大长腿，动不动投个三分走个灌篮。每每他比赛，整个学校的女孩们会造成交通拥堵。青春期的懵懂，他的躁动，让每个热血沸腾的姑娘的心，有了一个出处。

谁知道那男孩毕业以后回母校探访，我居然变成了主攻对象。大灰包一下子乱了阵脚，老躲在厕所里不敢出来。之后的若干个月，我自然而然地成为了众亲们攻击的对象。在我妈给我买的新款捷安特一周内被偷，和笔友的通信每封被拆，学校柜子频频被撬之后，我懂得了一个道理：

不要和一个众目睽睽下的人交往，
如果，如果他无法站在身后保护你。

　　我承认我贱包，喜欢的只是那些个灌篮的瞬间，走近了发现那男孩是单眼皮，瞬间一切美好都灰飞烟灭了。在那个毛都没长全的年代，爱情不可称为爱情。

　　如果选择和你在灯红酒绿下纸醉金迷，我宁愿退居二线远远地等待；请原谅我不是一个能扛着大刀舞动着双枪的女子。为什么要用文火煲汤，好多人不懂。难道不是大火烧得更浓烈，更刺激？

我蜜说，
当生活心怀歹毒地将一切都搞成了黑色幽默，
我顺水推舟地把自己变成了一个受过高等教育的"流氓"。

只有温热的东西，才能真正渗透。
刻骨且浓烈，
一定是长在心尖儿的。

如我，如爱，如你

Woh Woh Yeah Yeah

Woh Woh yeah yeah

I love you more than I can say

　　这几天早上刷牙的时候，脑子里总是响着这首歌的旋律。昨天汤姆·琼斯来香港了，但是我不知道他除了 Pretty Woman 以外的歌，所以最终还是没去。

　　特别想去周末的 Rugby 7，真心买不到票，就此又作罢了。年纪大的人是否真有一种随时可放手的精神，也不知道这是可喜可贺还是悲哀。

想到曾经疯狂地迷恋丹佛野马队的某球员，学生时代花了400大美刀买黄牛票飞去美国看他的比赛，然而现在得绞尽脑汁才想起来他的名字。

　　这两天重温了《甜蜜蜜》这部电影，坦诚地说，20岁的时候第一次看除了觉得张曼玉美到不行，没有看出任何亮点。不喜欢娘娘腔的黎明，也读不懂上船的那段戏为什么李翘跟豹哥走了。那个年纪的我，总是一根筋，一不能变成二，二也不能减为一。

过了十几年，依然一二分明的我，脚步慢了。重温了一遍这个电影，感触甚多。开始理解了各种人情世故，但，如果这个剧本让我写，大概多数会是以悲情的结局做结尾。好多导演和编剧为了观众皆大欢喜都会给大家一个美好的结局，但他们忽略了现实往往大相径庭。好多人从电影院出来都是心怀希望，充满信心，然后擦擦眼泪又重蹈回自己烂泥般的日子。

　　如果抵不过现实，就不要老奢望着天上掉馅饼儿。吃点大煎饼补补，倒是可以的。

　　睡了一觉所有的感慨淡了一半，耳边又响起了杰·凯瑞的歌。

Woh Woh Yeah Yeah

你是天上最亮的那颗星

有人说猴年是特别不太平的一年，因为猴子上蹿下跳，人心会不安，乱七八糟的事儿会特别多。我说，哦，对我来说，每天如果能保持七个小时的睡眠，大姨妈不血崩，那整个世界绝对太平了。

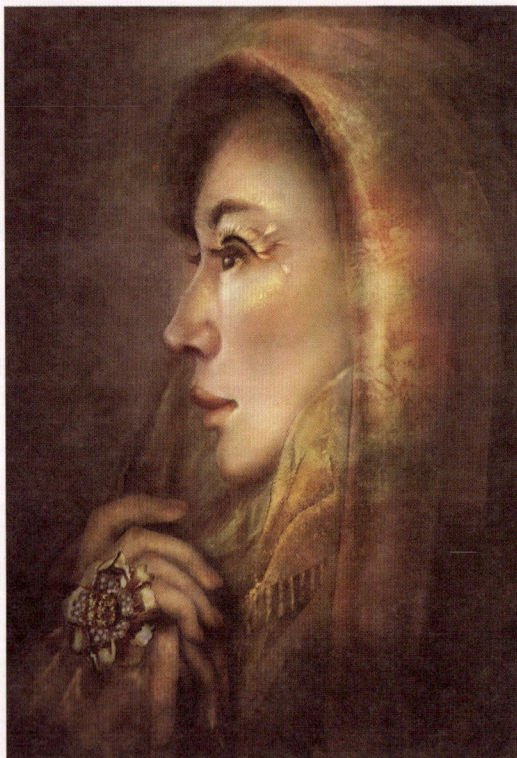

前几天有个朋友让我帮忙问妇科医生的事，找不到以前医生的卡片，只好求助 google。

打开某网页的一刹那，电话差点摔在地上。与其说震惊，不如说心碎。有种疼痛不是天崩地裂的，一个小豁口能喷出整个神经的血。30岁是个可怕的年纪，总要接受各种刺激到脑神经的事儿。

这是一个除了我爸及我爱人之外，对我举足轻重的男人。记得第一次见面是读研究生的时候，到了门口我险些逃走了。"一个老头怎么可以当妇科医生，我岂不是 @˚-#%@······"

进到他办公室的那一刹那，我的心彻底被融化了。小小的书架上，至少有200张婴儿的照片，好多好多的感谢信、贺卡，照片上不会撒谎的眼睛，散发着对新生命的喜悦。之后的许多年，我每次大腹便便地带着忧伤和积怨来见他，出门的一刹那，我也是安心和快乐的。

在香港作为一个资深的私家医院医生，行医 40 年，他的经济实力应该非常雄厚。可每次见他，总是穿着特别普通的一件格子衬衫、梳着整齐的偏分、套着一件绿色或蓝色的羊毛背心。他的眼睛不大，每次见到病人的第一件事，就是微笑，笑得眯成一条缝。黄医生每年将自己收入的 80% 捐给慈善协会，自己开着一辆特别老土的老式本田，过着随叫随到的医生生活。

也许，老天真的不会眷顾每一个善良的人，也未必会疼爱所有的天使。好多时候我们感叹自己的不幸福、抱怨生活的无奈，可比起许多人，我们是何等的幸运？遇见黄医生的那年，我 23 岁，怀着青春的无限懵懂，闯进了另外一个未知的世界：惊恐、失措、慌乱。50 多岁的他，让我人生中第一次知道什么是责任、什么是承担。对于所有突如其来的消息，第一件事，安静；然后微笑地对待，所有的幸运与不幸运。他就是我生命中的天使。

我希望我是个坚强棉花，至少外面包住了硬邦邦的太妃糖，看起来不是那么的不堪一击。可还是忍不住，在嘈杂的街道上号啕大哭。也许哪天他曾划过我们的天空，我却没有看到。不愿接受任何一种悲伤的结局，这不是我们诉说幸福的模样。

黄医生，愿你在天堂一切都好。
Please rest in peace.

068

小船不翻，巨轮不沉

最近在流行一套网络漫画：友谊的小船，说翻就翻了。趣味性非常高，大家调侃地改了 N 个版本，船翻了一次又一次。

友谊的小船，真的说翻就翻吗？他们说所以友谊叫作 friendship。关于友谊，最近所有大咖公众号讨论得够够的了，我想如果是注定失败的感情，不是看到几句鸡汤就能运营成功的。

想聊聊我这几个大蜜们，因为怕疏忽了谁被打脑袋，所以以下以 ABCDE 为代名，大家对号入座，万一没座儿，我马上给您开座儿。

A 小姐

超过十年以上的友谊，真的不是说翻船就能翻船的，何况你还是知道我从小模样的发小，这可是万一有人说我整容唯一能出来做证的人。

我们 11 岁相识，一起走过最纯真多彩的岁月。后来因为各自出国分道扬镳，但伟大的微博帮我们找回了联系。

有一次你忍不住说："我觉得我这辈子大部分时间就是在帮你写作业、陪你谈恋爱。"果然，你历经了我的哭闹、安静、歇斯底里和痛不欲生，没有在任何一个时间离开过或拒绝过。

为了给我准备礼物，搞到老公和妈妈都争风吃醋，我只能说我们的世界，你不懂。

如果说人生有上辈子，

妞儿我觉得你上辈子一定是欠我的。

B 小姐和 C 小姐

　　因为你俩老像连体婴一样黏在一起，所以我准备一起写关于你们。貌似更应该是他的朋友多过你们的朋友。可我们就是那么契合地玩儿到一起了。

　　你们看着我从一个胖子变成瘦子然后又慢慢胖了。不单独和筷子照相是我一直坚持的原则。我们彼此人生都有过起起伏伏的阶段，是你们让我知道付出是一种快乐。曾经在最恐慌的岁月你们无微不至的关怀和大无畏的拥抱，使我相信所有的不平坦我们都可以特别快乐地走过。

　　B 小姐，但这并不意味着你欠我的 100 个煎饼我会就此抹去。

　　C 小姐，还有，炒饼。

D 小姐

我们更像是一对孪生的姐妹，对吧？

我们相隔 1992 公里，也不是每天腻在一起。每每看到了好东西，或者新奇的事儿，我总是第一个想和你分享。好几次去你家吃饭我吃得正欢，你总是及时地提醒着我不要吃太多主食。

看着你谈恋爱、结婚到生孩子，我们一起经历了好多好多。有着潇洒的人生观和共同目标，在我迷茫的时候你甩来一句"你做什么我都支持你"。

就是这句话改变了我人生的好多方向，我相信有些人的出现是给我们上课的，而你则会给我上一辈子的课。

就算没有了水蛇腰，
甩着蝴蝶袖也让我们继续相爱吧。

E 小姐

一开始认识的时候你叫我姐儿，后来你叫我宝儿，再后来开始叫我安妈，有时候精神恍惚真觉得我快成你妈了。

我们相遇在一个那么 social 的场合，却因性格相投外加住得过近变成了无话不说的好朋友。叫了安妈之后我立马觉得有责任去过问和关心你的一切生活，无论是感情还是家庭，到最后如果能帮你迎刃而解，那是再开心不过的了。

对于你这样的小怪物，我想好多人也都是欲罢不能。

我们老开玩笑说，

如果我俩的聊天记录公之于众，那真的就毁三观了。

F 小姐

十几年内我们就见了两面，可一切都没有一丝半毫的变化。你还是那个无比大大咧咧的你，一说 high 了各种京骂时不时地蹦出来。

上次在香港我们聊到半夜还觉得意犹未尽，时间一晃就过了，我总是记得我们一起淋雨的岁月，一起听王菲张信哲哭得个稀巴烂。本来说好的逃学也因为被教导主任传呼，吓尿了屁着回了学校。

在不能扛事儿的年纪和岁月，我们也算是生死之交了。无论下次见面又是何时，我愿你一切都好。

更要感谢你把手指头截断了抢来的红包钱全都给了我点赞。

G 小姐

我们也好多好多年没有见面了，你还在我们曾经一起生活的城市，潇洒地过着让人羡慕的生活。

原谅我没有听劝如你一般洒脱，生活总是会给你意外的惊喜，而当年选择了更安静的方式面对一切，这并没有对与错。

直到现在也忘不了上飞机时你给我买的矿泉水，还有我生日时你精心准备的礼物。

你教会了我如何做一个快乐的人，也直言不讳地告诉我如果生活过不去，任何一个时间回去找你，你都会说 welcome back。

这篇文章让我想起了曾经的一个微信游戏，就是别人给你点赞，你说关于记忆的故事。当时差 30 多个没有回复就差点写吐血了，今天又再次呕心沥血。我爱你们我的蜜们，我不知道没有你们的出现我的人生会不会截然不同，但我知道——

用心去爱，
我们的小船
永不会翻。

为什么呀

很小的时候我妈在书市给我买了本《十万个为什么》，里面有我想知道的若干问题，但大多我想问的，貌似都没有。

后来市面上有了一系列叫"脑筋急转弯"的书，非常有趣且极其搞怪，很吸引我这种智商不高笑点却很低的人，当年几乎每道题都倒背如流。

记得老师以前让用"为什么"造句，我造了一个"为什么要问为什么"的句子，差点让老师把本子撕了。

如今想起来，这句子俨然阐述了我持续多年的生活态度。

几乎每个孩子在成长的过程中都会问："为什么？"

"为什么西红柿那么酸？"
"为什么冬天会下雪？"
"为什么我要写作业？"

现在的祖国花朵们貌似被高新科技毒害了不少，好多的半大点儿人都已经会 google 了，作为长辈的我们不用再去回答为什么。打破砂锅问到底这个态度一直不知道是否是对的，是应该死缠烂打，还是潇洒地难得糊涂呢？

可是百度也好，google 也罢，
总会有很多问题无解。

放手也是一种

青春期我们怦然心跳的时候会问：

"为什么会心跳加速？"

"为什么看到 TA 和别人走得近会难过？"

慢慢地长大我们学会了如何将内心的疑问放在心底，或者在心底无限回放却蹦不出一个字。男人们会说，不事儿的女人最好；不麻烦的女人懂事儿，那顺理成章的，没有"为什么"的女人，一定是最体贴的。

我听过好多"为什么他会这样对我"的句子，也感受过不少疑问下的负能量。好多为什么背后，其实都是"我不想"。我们明明知道，却不忍去面对一个撕裂了的自己。

TA 没有那么忙，也没有很爱你。

你可以对自己说，"放手也是一种爱"，如此释怀。

所有能坚强面对自己血肉模糊伤口的人，何尝不是从坑里面刚爬出来，洗净了尘埃和伤害，重新再来。

妞　　　　　　　　爷们儿

　之前　

　之后　

Rmb300元　　　　　Rmb30元

剪 发

　　纠结了足足快两个星期，到底要不要把沉得要命的长发剪短。终于在车爆胎了的 20 分钟后，我坐在用了快 5 年的发型师面前。

　　"嘿，今天想怎么剪？"
　　"嘿，呃，我想要本杂志。"
　　"简单修一下？长度不变？"
　　"我剪短发好吗？"
　　"好。"
　　"呃，所以，那，其实……因为……"
　　"剪发不需要理由，好看就 ok 啦。"

　　竟然被这句话驳得体无完肤。

两周以前，我征求了好多人的意见，关于短发。请原谅我叽歪地诚惶诚恐，因为近十年一直是长发过胸，鼎盛的时候甚至是及腰。我已经忘记了什么是短发，还有短发的感觉。如果哪天再也不能风骚地撩起一撮儿长发，或者聊天时候手指卷动发尾，好像就找不到自己了。

对于一个没有安全感的人来说，一切没有重量感的火苗，都很容易爆发。比如轻薄的被子、再比如失去厚重的长发。无法解释这种惶恐，好像丧失了地心引力一样，飘浮在不属于自己的空间，却没有一个把手。

当所有人都告诉我：不！要！剪！因为会像个大妈，因为会显得很胖，因为这将不再是我们熟悉的你。反而觉得释怀了，也许是时候，做一个改变了。

于是就有了满地散落的碎发，也有了理发师咔嚓咔嚓的哼哼哈嘿，再于是，更有一种无法言喻的心情油然涌起。起初很想去分享这个心情，因为从纠结和不安，到勇敢地面对，正是我期待自己成长的一个新过程。

几天前我妈看见我在镜子面前不停衡量头发的样子就说："其实男人，未必有多在乎女人的头发，你看有时候我剪了头发，你爸也察觉不出。"何止是男人，其实任何一个脱离了你自己身体的个体，都不能够切身体会到你切身的体会。我落泪了，你不会每一次都扯心肝儿地疼。

所以如要长大，何需广播呢？如要哭泣，也不必找肩膀不是？大家只想看到你阳光快乐的样子，头发，随其生长吧。

每一个心理医生都会有一个自己的心理咨询师。知道原因吗？因为没有任何一个人能强大到吞噬所有的负能量，像烧纸一样灰飞烟灭。如果你对社会有那么多怨气，那可否多做些善事来福报社会呢？每个环境都会有自己的弊端，但与此同时，既然无法跳出围城，就不如选择开心地过活。地球不会因为个人的悲伤而停止转动，社会也不会因为我们胆怯善良就此安良。

不好的东西总是有的。可你还是可以吃很好吃的东西，晒着免费的太阳，让你自己笑得露齿。

没有任何一个人，会爱上一个怨声载道的黑煤球，别托着头顶的阴雨一天天地醒来。

我爱黑白

好多年前开始流行数码相机，我们高大上地拿着 Sony 相机捧着电脑，再也不用去图片社冲胶卷儿了。记得大人们从来不让我拆胶卷出来，因为手笨剪指甲都会剪到自己，所以他们觉得我拆的胶卷一定会曝光。安装了驱动程序，用条数据线插进电脑，马上就能看到所有的影像，特别令人欣喜。喜欢就存着，丑的就删掉。

殊不知若干年后，丑陋的照片也能勾出无限回忆，深嵌人心，不可抹去。

也就是从数码时代开始，突然地，我对照相再也没有了期待感。

这是那天公司活动的摄影照片墙，一位爷爷带着孙女来看。看到这些生活的剪影总是会心生感动，美好其实就在身边。

　　记得小时候，每个周末我妈都会带我去一个地方玩儿，动物园、自然博物馆、科技馆……如果一次出行照不完整一个胶卷，期待感就随之延长留到下一周。待拿着单子去取照片时，满脑子充满了无尽的想象。那时候快乐是一张一张分享出来，不是"哗啦""叮铃"一下的磨皮美白。

　　自从有了智能电话，一个什么都懒得拿的我，连相机都不愿意带了，觉得手机可以解决一切问题。直到有一天，我去看一个刚生完宝宝的闺密，她深藏不露的先生拿出了珍藏多年的黑白立即成像相机，说："来，我给你俩来个合影。"巨大无比的老式相机面前，我居然忘记了遮手臂和摆姿势，傻乎乎地对着镜头笑。那一刻，所有的感觉都回来了。我拿着照出来的照片大口大口地吹着气，期待着画面赶快地出现。不在乎唾沫星子乱喷，也忘了自己的蓬头垢面，隐隐的画面中自己看起来更像一个刚生完孩子的孕妇，但，我们都笑了。我迫不及待地抢走了这张永不可复制的照片，脑子里闪现出：过去的那一分钟，已无可倒退地不可复制，我拿走的，是记忆啊！

那一年，我们都还年轻，现在我们依然努力地生活。

那张照片一直贴在我家客厅的墙上，由于侧窗的日照，边角处已褪色。就好像岁月一样，不知不觉地弥散，照片上有的人还在，有的人散了，有的人不知去向，有的人不再忆起，有的人却深刻心底。

也就是那时候起，我开始对任何修图软件无感，不可救药地爱上了黑白。你也许没有发现，在单一的颜色下，图片会格外具备力量，也更强烈地表达它最初始的感情。

有人问，你柜子里除了黑色白色深蓝灰色，还有没有别的颜色的衣服？有，都是别人送的，从非自己所选。每天都在黑色裤子里面找黑色裤子，白色衬衫里面扒白色裙子，对我自己的癖好，我也是醉了。

虽然某大蜜还是没有批准我买一个傻瓜胶卷相机，但我知道，那一天会到来的。正如我们对待未来的期待，不知道怎样，还是心怀美好。

　　其实，人生也就是这样了，最后走了什么都带不走，留下一片片的痕迹。
　　我只是想多留点我们完全不加点缀的回忆，好吗？

　　在西藏的大昭寺门前，我也曾虔诚地守候。这本是一张彩色的图片，懂我的人，调成了我最爱的颜色。

如果不能 hia hia hia，
那么至少 pia pia pia

很高兴小球儿的后台收到越来越多的私信，这让一个堂堂半吊子的心理学硕士突然领悟到了人生的若干意义，也让我觉得离所谓的人生追求，又靠近了一步。

那天和蜜们聊天，说到一段关系开始的原因，大多是因为快乐。"我好久没那样笑了""I found my happiness back""貌似突然想去爱了"。有样东西会毫不吝啬地直击内心最底部，让外面再强大的驱壳都束手就擒。这就是感觉。

YOU'LL GET IT EVENTUALLY

2014年初，莫西子诗的一首"死也要死在你手里"，闷骚并歇斯底里地唱出了爱到不能行的极致。一票而红，让我们同时知道了阿杰鲁的原创。虽然我对这个声音并不感冒，这些年只对低沉的男声欲罢不能，只是些许记住了段中的歌词："不是你亲手点燃的，那就不能叫作火焰。我们只是打了个照片，这颗心就稀巴烂。"燃烧是有底线的，选好了对象，烧起来就爱谁谁了。

有天我看到"单向街"的订阅号里说："如果你让一个女人开怀大

笑，那么你已经拥有了她的心。"此话真心不假。渗透到心里的愉悦，是期待之外的沁入心田，也是一切的源泉。怎能看出恋人是恋人，因为他们会发光，会有无法遮掩的，会心的笑。反之，如果不能快乐，那么守候的意义，是什么？

"You got something to say？
why don't you speak it out
loud，instead of living in your head？"

我们会灌输别人也会被社会引导，需要有责任感，需要负担自己的所作所为，需要对社会有贡献，需要在七大姑八大姨问津的时候，回答得体面。

如果坚持需要理由，唯一的理由应该是快乐。生活的乐章弹奏着充满了温情的拥抱和 hia hia hia 的欢声笑语。如果没有，那么就请晚上尽情地 pia pia pia 吧。别总把自己说成个圣人，不渴求高潮，生无可恋，死无牵挂。只能说你没感受过快乐，不知道前浪推后浪的 high 点。

说了这么多，我只是期待你们存留满腔热血的真。
因为你不知道它何时走远。

性很便宜，爱很贵

　　住在香港 10 年了，晚上 9 点以后出门的概率少之又少。除非有朋自远方来。可是朋友们总会迁就我 12 点后随时随地秒睡的奇葩特质，约会在白天。

　　人一旦遵循了一个固定的模式，改变起来，真的不太容易。也曾下过特别大的决心过隧道去 SOHO 尝试年轻人的夜生活，可想到即将要脱掉舒服的优衣库睡裤和跨栏背心，还得梳理乱成鸡窝般的头发，立马就打退堂鼓了。

　　昨晚雨后的香港，闷湿微凉，终于被拖出来小酌一杯。自从上次吐车事件以后又开始新一轮的对酒精不敏感，几杯 vodka 下去清醒依然。临近 11 点，困意缭绕。每当犯困的时候总是觉得疏离的很疏离，亲近的很亲近。

看到一个穿着半透明纱裙短裤的女孩，在街口飘扬。一直喜欢并羡慕纸片人的身材，清扬又骨感。女孩皮肤白皙水嫩，嘴唇红得像刚舔过大姨妈。女孩微醺，靠在同行老男人的肩膀上，半个肩带垂了下来，性感又妖娆。一会儿老男人或许被查岗，惊慌失措地跑去路口打电话。女孩溜达了一阵，告诉调酒师一会儿酒钱有人结算。晃荡地站在街口，有陌生人过来搭讪，搂了她的腰，感觉他们也许熟悉，感觉他们或许陌生。后来他们上了一辆出租。不久老男人赶了回来，结算了酒钱，也打车走了。

　　坐在角落不言语的我，目睹了一个与爱情无关的故事。不知道女孩是否爱过，或者渴望有人会爱她的灵魂。凌晨两点多的街头，满是亮着灯或者灭着灯的出租车飞速穿行。我们吃着快餐，赶着时间，想着哪天能被提拔，什么时候可以住大房子。有人担心着明天是否会下雨，晒了几天的衣服什么时候能干。

所有人都会孤单，
也有自己的方式战胜孤独。

　　女孩的背影让人觉得寂寞麻木。
　　那一晚性很便宜，爱很贵。

渐行渐远

　　有个朋友和我诉说了离别，他说他很纠结，无法放手。我又引用了宫崎骏动画片里的话：每个相遇，都好像坐火车，我们上上下下。有的陪你一段路程，有的下车了就再不见。

　　朋友问，那我可以追吗？

　　我说，答案在你心里，何必问？反正，离我远去的人与事，我从来不追随。要面子的人总是心里碎成个稀巴烂，还笑笑说慢走不送。

But fake happiness is
still the worst sadness.

朋友又问我：到底是什么，才会弄成今天这般模样？

我说，相处的过程中我们都做错了好多，碍于面子也罢，不懂取舍也罢，也错过了最好的弥补时段。所谓的回不去，那就是回不去。

除非舌根咬烂了重新开始，绳子需要两端，感情也需要两方。

人们总说："守得云开见月明"。揣摩后你认为："只要熬过了一切的守候，最终还是可以得到期待的人与事。"对吗？对。却也不对。月亮在哪儿？人又在哪儿？月亮高高地悬在半空，而人大踏步地直行向前。你从未权衡月与你的距离，等乌云散去，发现明月果然高照，只是触不可及。

所以有了李商隐的《落花》——

高阁客竟去，小园花乱飞。
参差连曲陌，迢递送斜晖。
肠断未忍扫，眼穿仍欲归。
芳心向春尽，所得是沾衣。

当某天肌肤之亲，再无法唤醒我们内心的悸动；
但身体痛楚的信号告诉我们不可行的未来；
再当曾经只有欢笑的我们，现在开始了周而复始无尽地争吵；
当信誓旦旦的过去，变成了现在一言不发的事实。
有些人我们不停地想推开说再见，却一直没分开。
有的我们始终恋恋不舍，却从未重逢。

突然地，我发现回头已望不到你。
蓦然回首，灯火阑珊处原来只有自己的倒影。

你最后还是哭得很伤心

　　身上开过刀的人都会知道，手术时并不痛的刀口，会在术后的若干个月带给你数不尽的麻烦。阴天下雨，或者生理期前期，也许不会痛得撕心裂肺，却会是隐隐地扯一下、再扯两下，然后撕拉着周边所有的肌肉和脂肪组织，貌似又把刀深深地戳进去。

　　我在同一个位置，有若干个刀口，虽然它们看起来非常隐蔽和整齐，而我似乎选择性屏蔽了这些年关于任何身体伤害的记忆。只记得某些事情的发生和结束，却死活想不起来过程。

　　这像极了我前 30 年的人生，重复地犯着同样的错误，跌倒了咬咬牙爬起来，爬完了又在同一个坑里陷落。如果再放在教育小孩的故事里，一个如此这般的人就算没错什么，也不应该被救赎。不是因为太笨，而是无脑。无脑的人在科幻故事里大都死得很难看。

最近好几个朋友都问我一些人生选择性的问题：

要不要辞职？要不要搬家？要不要孩子？要不要离婚？虽然每个问题的性质大有不同，我的回答都是一样：当你在内心对一件事情产生了疑问，那么最好认真想一想。如果坚持走完，你是否能有坚持下去的勇气而且保证以后都不会再抱怨今天的错误？如果放弃，那就别想着退路想着未来，一鼓作气地扎到底。

我不太能做好计划，需要把一切重要的东西记录在本子上，总是担心忽略了谁，忘记了谁。假如有一天我痴呆了，一年又一年的记事本倒是再好不过的追溯。我也想像好多人一样策划自己的未来，5 年内怎样，10 年内如何。可惜了我是个做什么都凭感觉的人。我相信感觉这个东西是骗不了人的，当你感觉一个人在疏远，那他没有打算靠近。当你感觉到了爱或者不爱，那一定是那股奋不顾身或者冷若冰霜的气息袭击到了你。

**好多事是计划不了的，
它们会像宇宙飞船一样空降，
射出来各种利器，
让你躲个措手不及。**

输什么也不要输了自己。
不然无论进退，你还是会哭得很伤心。

520 在即

隔了多年再重新听曾经喜欢的歌，洋溢的已经不是喜爱，是回忆。

每年的 5 月 20 日，都有好多人求婚，也会有好多人晒幸福。对我来说这意味着大金牛月即将结束，双子月奔放地到来。聪明的双子座们，你想假装忘记他们的生日是绝对不能发生的，他们会郑重其事地@你让你别废话地出现。这一辈子，都在深爱着这个敢爱敢恨，放荡不羁爱自由的星座。

520 变成了表白的代码，广播里说，这一天的 13 点 14 分，一定要和爱的人说我爱你一生一世哦，这样你们就厮守终生了。不要怀疑誓言的真实性，至少有，就是好的。

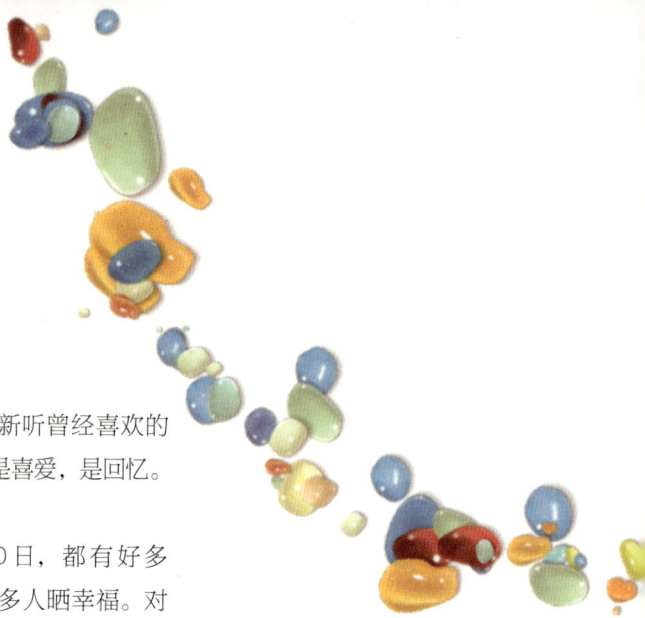

"朋友圈"的英文被翻译成"moments"，我们的确是活在一个又一个记忆的瞬间里，像拼图一样，拼凑成完整的记忆。

你有多久没说"我爱你"了？

除了那些泡在蜜罐里刚恋爱的你们，其他的人，你们有多久没抚摩着对方的面颊，看着TA的眼睛，抱着一起睡觉，在清晨一觉醒来的时候说我爱你？

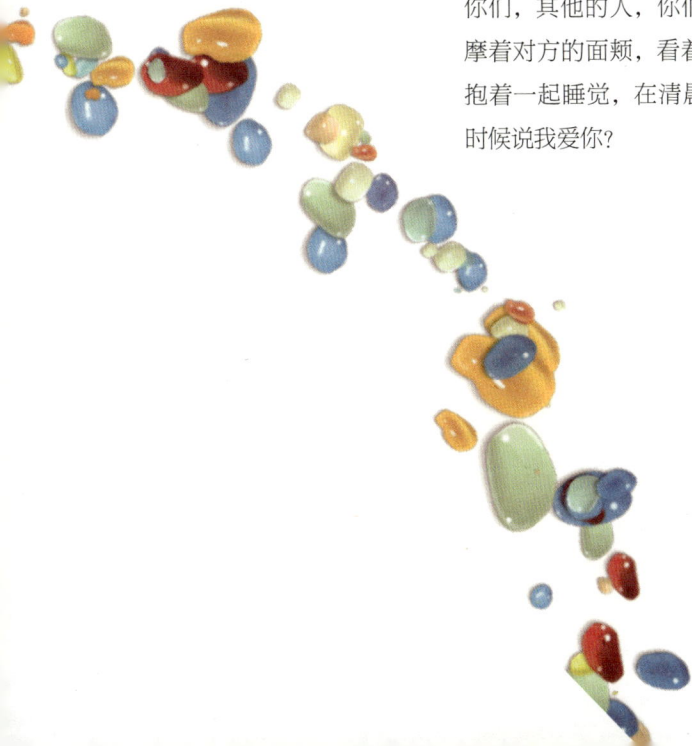

我们被利剑刺过了说自己生无可恋，我们被岁月蹉跎了说爱无力，我们被柴米油盐淹没了说从没有爱过。付出其实也是一种快乐，只要不添加任何嘈杂的抱怨。

　　爱是彼此眼神中流露的信号，爱是牵动心弦的心疼，爱是贴着肌肤的轻抚，爱是告诉对方，你澎湃的内心有多么的悸动。

　　爱是你期待他出现的时候，他会奋不顾身地出现在你面前。

重温 "蓝宇"

这个电影我上大学的时候看过，与其说看，不如说走马观花地瞟了几眼。那个年代的我在传统的教育下禁锢了多年，对于任何有裸露情节的电影，总会兴奋地小抵触。而爱情，也只是道听途说，似懂非懂。

前天重温了一遍。虽然不喜欢刘烨尖嘴猴腮的脸庞和土气的中分发型，但不得不佩服他精湛的演技。

为爱付出，无分男女。

片里淋漓尽致地演绎了一个单纯男孩对爱的执着与无奈。面对钱、爱、社会，面对自己被抛弃的残局，又再次被爱拾起。男孩在长大，社会在进步，爱却只添无减。有种绵绵的长力，随着心碎更加坚强。

捍东出狱后在蓝宇宿舍吃饭的那一幕，一直在我脑海中久久不能抹去：喝醉了的他被叫醒，苍老的抬头纹，湿润的眼睛，粗犷的呼吸，他说了句："好想抱抱你。"

如果是个叽歪事儿了吧唧的女人，也许会在这一幕煞风景地踩一脚："谁让你当年抛弃我去结婚的？！现在知道回来找了？"可蓝宇，就是一句没说地挨过去靠在他肩膀上。这一刹那，世界变得好安静，那些为了不让自己难堪而编的瞎话也显得微不足道了。

有爱，其他的果然都是浮云。

好多人会评判同性恋，说三道四。其实这前面何必加个"同"字？只要是感情，就都是场真切的体会。不是所有人都能有机会，彻头彻尾地爱一次。我打心眼里崇拜所有用尽生命每一毫力气去爱的人。

《断背山》里有句我印象最深的台词——

我多么希望能知道，如何停止爱你。

每每想起，都觉得心尖儿隐隐地抽动。
这是种多么刻骨的体会。
520 节日快乐！

让我们远离
一切一切的负能量

自从有了微信，好多人都养成了入厕晨读的习惯，刷着朋友圈，冒根小烟儿，看看大家的生活、公众号的推送，再手动点赞或者评头论足几句，成为了每天的习惯。

我也是。

会在起床以后推送文章，有时候起得太猛也推得太早，一下就被刷掉了。自己都忘了自己写了什么。

Coffee Time

我喜欢早上喝着咖啡看一些大号的推送：文艺的文艺，搞怪的搞怪，信息量很足，让人感觉到一早上棒棒的美好。

　　生活中也不乏会遇到，从一早就开始抱怨的：堵车、行人、天气、家庭、同事、朋友……各种不能行，各种看不上。满满的一天刷屏，都是不开心的负号。朋友圈之所以称为朋友圈，是因为大家想去分享，有力量的正能量和多彩的生活片段，而不是刨一个怨妇般的小坑，无限度地吐槽。

　　会有很大影响吗？其实大多数人刷屏过去了也就过去了，你的喜怒哀乐爱恨情仇也没有太多人会在意，除非，除非那些爱你的人。试想这些人的家人，得承受多大的压力，时时要面对这样又那样的抱怨，总得在问着：你怎么啦？

　　每一个心理医生都会有一个自己的心理咨询师。知道原因吗？因为没有任何一个人能强大到吞噬所有的负能量，像烧纸一样灰飞烟灭。

　　如果你对社会有那么多怨气，那可否多做些善事来福报社会呢？每个环境都会有自己的弊端，但与此同时，既然无法跳出围城，就不如选择开心地过活。地球不会因为个人的悲伤而停止转动，社会也不会因为我们胆怯善良就此安良。

不好的东西总是有的。可你还是可以吃很好吃的东西，晒着免费的太阳，让你自己笑得露齿。

没有任何一个人，会爱上一个怨气载道的黑煤球——

别托着头顶的
阴雨一天天地醒来。

吐了一路的姐
风驰电掣地在飞扬

前段时间我正式地喝了顿酒，正式地，终于一反一贯"一晚上下不去一杯"的常态。

有个姐们儿甚至怀疑我往酒杯里吐口水，为什么迎合着大家频频举杯酒永远不见少？！我开玩笑说，因为我的心早就醉了。

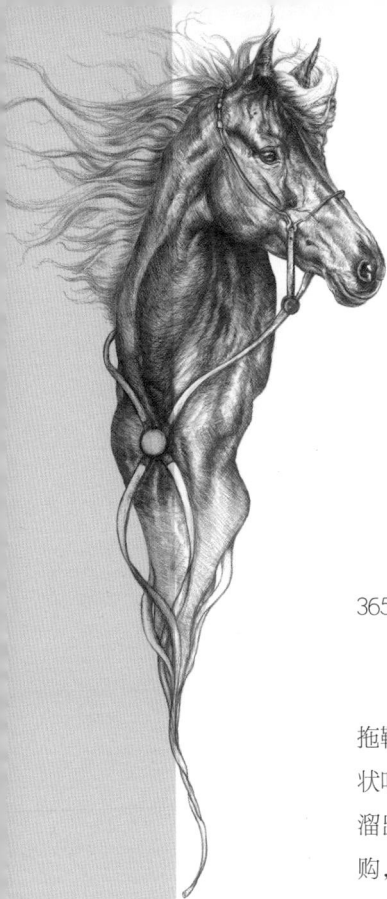

有个朋友说我是酒场的"春夏秋冬"，一年365天，最多四次大酒。

印象中的 2014 年，我妈有双紫红色的真丝拖鞋，两次我推门而入来不及进房间厕所以喷射状吐在我妈的鞋上。第二天早上连话都不敢说就溜出门了。从此我娘发誓以后拖鞋只在淘宝选购，绝不超过均价 30。

论酒量，我应该不是一杯倒的类型。

18 岁成人礼，我爸带我在团结湖公园门口的"三四郎"吃饭，让我正式地尝试了批量性的清酒之后，翌日满意地说，我属于安静的类型，酒后绝不会没分寸撒泼闹事儿。

好多认识了多年的朋友，总埋怨我不和她们好好儿喝酒，一年的365天内，逢酒精基本浅尝辄止，从不触碰底线。虽然，我也不确切，底线到底在哪儿。

　　喝得特别大的时候，最多也就是吐，吐了再喝，从未断片儿过。能清楚地记得，酒桌上发生的一切：谁吐了，谁发脾气，谁哭闹了谁睡着了，谁送我回的家……我还很龟毛地会刷牙洗脸摘隐形眼镜换睡衣。

　　那天晚上喝了一瓶多的黑龙江"北大仓"，50度的烈酒进肚，没顾上吃主食，我强迫症地给自己灌水，想晃荡出来这些刺鼻的酒精。后来坐车去赶下半场，坐在车后面开了车窗，顺风的小风儿吹着脸，我默默地吐了一路。下车后，人立马清醒，此时如有人邀第二轮，也可大方奉陪。做个清醒的人，才是最迷茫的，看着大家熟悉又陌生的模样，正经又跟跄。

　　平时不敢说的，酒后都会爆发；
　　埋在最深处的，酒后也会忍不住深挖。

　　所以我老问那些喝大了的蜜们，有意思吗？第二天宿醉恶心头晕踩棉花的，不还是自己吗？干吗要使劲儿去戳自己的伤？

不喜欢低度数的啤酒，要喝，我愿意选择40度以上的灼烧。好多人不喜欢烈酒进肚的滚烫感，我倒是觉得，正是如此，我们才会感受真实的力量，不是所有的生活都冰镇温和。

喝完大酒去吹吹风，会觉得世界格外不同，清醒的部分属于清醒的，麻醉的部分终归麻醉。好像水油隔离的沙漏，看得明白也无须交集。

吐了一路的我，也终于开始风驰电掣般飞扬。

没有语言的呐喊，
才是痛彻心扉

2014 年听到惘闻，起初并没有那么大的感触。直到我终于也变成了一个有故事的人。

我推荐过惘闻给好多人，有人能懂，有人不屑，有人问我为什么没有歌词，有人问我它想表达的，是什么。

我想说，当音乐成为一种有期待的诉说，整个故事就不一样了。你大可不必去谱写别人的乐章，因为哪怕是孤芳自赏，也足够伤。

惘闻来香港了，像没有预期中的期待一样，满是惊喜，余震得我的心在翌日依然抖动，五味杂陈。如果说有种音乐能在不限时间地点地戳人左心室，戳得鲜血溅起，咕咚咕咚地不停流淌，那一定是惘闻。

要知道在这个浮躁的社会要想躁动并不难，连蛾子都会挣扎一地粉末，更别提我们复杂的人类了。

只是我们有时候会扎猛子，有时会胆怯，有时不敢面对深窝处瑟缩的自己。

难的是爆发前，
你能安静得下来，
守候这发生着的一切，
聆听，直至内心撕裂地开始呐喊。

惘闻是孤单的，像每个人的心灵洁癖一样。惘闻是悲哀的，有人爱他高潮时的声嘶力竭，我却爱极了这不可救药的悲凉。这一晚一直强烈地压着自己的胸腔不让眼泪肆意夺眶，还是哭得稀巴烂，不防水的眼线，晕染了整个眼圈。

　　一直觉得自己是个感性的人，尝试着不被腐蚀的真实感受生活。听了惘闻之后，才发现这都不重要了。

如果一切的幻想与美好瞬间破灭，它一定是有原因的。

　　值得，比真实更靠近天堂。
　　惘闻不是一场视觉盛宴，是一场听觉的纸醉金迷。
　　你只需要闭上眼睛，聆听，再聆听。

请问
多喝水有没有用

———

　　曾经有个不老的传说，每天要喝 8 杯水，皮肤才会晶莹剔透水嫩无敌。结果好多山鸡皮拼命地喝水最终还是没有变成天鹅般丝滑，反而喝多了还会翌日浮肿，本来挺大的眼睛透明成了灯笼。

　　做了这么多年 spa 和化妆品行业，我一直特想说，皮肤还是八成靠天分的，如果天生底子暴差又不是很多金能做医美护理的，就别折腾了，你擦什么涂什么吃什么，还是不会改变什么。

　　在胶原蛋白的理念还未火之前，有个叫 H2O 的品牌出了款爆款的面霜叫"八杯水"，强调肌肤只有在水分饱和的时候，才能更好地吸收其他营养，这绝对没错。

水嫩，永远是王道。

　　过了夏至，全国各地正式进入酷暑的状态，每天都有人在说热炸了热废了热脑残了，这个时候大家应该随时补水，避免中暑。

以上絮叨的是生活常识，基本1岁以上的孩子渴了都会要水，这个本能甚至比肚子饿要吃饭来得更早一些。

· 肌肤能离开水吗？不能。

· 人能离开水吗？不能。不是说了吗，老婆就像白开水，平淡无味不可缺失。情人像红酒，点到即止。红颜知己像绿茶。大概这就是绿茶婊的出处，哪个红颜知己青山之交没有点暧昧的那啥。

· 生病的时候需要多喝水吗？需要。但TA说多喝水，管用吗？答案是：没有用。

关于这个"多喝水"的话题，早已经被各路网友啐了N遍。

男人们很委屈地说：那，除了多喝水我还能说啥？不能在身边的话，也使不上劲儿，我还能干吗？

其实我能理解男同胞们的无奈，女人在这个时候貌似是不应该叽歪的，事已至此的事实，干吗还再补个刀？所以年度最爆款的女生叫"胸大水多活儿好声甜不黏人"，这个标签充足地表达了男性们的诉求。你不舒服的时候，就多喝水吧，因为其他功能无法运作。

这一系列表象引致了女人们的爆发：除了喝水你就不能说点别的？！需要你的时候你都在哪里？！

正如多年前的那则笑话一样，一个女孩郁闷了一晚上写了篇长篇大论觉得男孩不爱她了，而男孩只写了几个字：意大利输了。我们的生理构造和心理构造从天生就有着截然不同的区别。男女之争也就像南北豆腐花和豆腐脑的鲜甜之战一样，永远无法休止。

男人觉得你要得太多，你觉得男人永远不懂。

其实可以说的话，很多，只是别说多喝水了。

这些年，水喝得够够的，肚子也胀得比青蛙大了。你老说女人想得多，其实你也想多了，水的功能，没那么伟大。

你可以不是随叫随到，妞们想要的不过是温暖，哪怕只是个抱抱的图标。

我可能没有治好你的病，
但我一定好好为你治病

没出行之前近两周一直在追剧。

被大家唪到不行的《青年医生》，我觉得还挺好看。

可能因为家里的老一辈大多数是医生的缘故，对医生，一直有种莫名的好感。看着白大褂、听诊器就会无比兴奋，尤其是病区巡房的渐进脚步声，更令人激动不已。

以前记得舅舅们老说，连着两代从医，如果你们这代断了，还真是无比可惜。小时候家里会有很多玻璃或塑料的针管儿，我的硬壳塑料娃娃也被扎得比花洒头的漏水口还多。可是……

可是我太粗心了，二十以内加减总是自动忽略后面的数字，小数点对我来说从来是不存在的。大人们老开玩笑说："心粗得比骂声还粗，你哪天当了医生一定会把剪刀落在病人肚子里。"

怀着伟大的医生梦想却一直无法逾越见到血就恶心哆嗦的事实，就这样失之交臂了，我的心脑血管手术刀之梦。

那天电视剧里有句话直戳人心："我可能没有治好你的病，但我一定好好为你治病。"作为患者，我也曾经历过无数次在医院被打发被误诊被糊弄赶回家；而作为医生家属，我也深知医生们不为人知的背后不易。

在大家都有 BP 机的年代，我心中只有一个人，是 24 小时全天候地百呼百应的，他就是我舅舅。2048888 的寻呼台，只要任何一个时间他的呼机响起，他得立马披上衣服头也不回地奔向医院。

如果用一种感觉来形容那奋不顾身的劲儿，好像追着刚开动的火车上的初恋一样。

所以曾经想嫁给医生的梦想，也因为看到周围医生过于没有生活质量而不了了之。

经久不衰的医患关系，和恋爱一模一样，被我们掰开了揉碎了的一遍遍碾过。

"我也许不能成为你的终点，
但我愿意一直为之付出。"

这是一个多么长情的表白。

离家

　　十几岁的时候离家出国，我妈花了半年的时间装满了我限重 20kg 的两个箱子，里面的东西翻腾出来又放进去，放进去觉得不合适又抽出来。

　　那时候的我还不太明白何所谓离家，何所谓离别，一心想着可以坐好久好久的飞机，终于不用为了交作业和考试而烦恼，心情异常兴奋。

　　那个年代从北京飞到我的学校，路途需要近 30 小时，我妈在送我的路上嘱咐："你到了登机口就直接往里走，别回头，没什么可看的也别老瞎看，你容易丢三落四也容易摔着自己，到每个候机的地方都报个平安就好。"

　　结果，我就真的没回头。

　　多年之后有次在首尔机场，我忍不住回头看看父母是否还在门口，才顿然发现望着我远走背影的背后，是父母颤抖地搀扶在一起，老泪纵横。

2014 年之后停飞了一年没有长途，这次又飞了十几个小时到了另一半球。以前哪个电影的台词里说："玩儿什么，不要玩儿感情。"

感情是这世界上最尖锐也最有力气的利剑，抽离一份付诸，需要太久太久。

"树欲静而风不止，子欲养而亲不待。"在一起老觉得太黏，分开又无法克制地想念。

我想能给的时候，一定尽最大努力去给，不留半个后悔的机会。

你发现没，
爱从来就不是对等

还未成年的时候看了赵文瑄和陈冲演的《红玫瑰白玫瑰》，记得电影里说："一个男人的一生中，至少会拥有两朵玫瑰，一朵是白的，一朵是红的，如果男人娶了白玫瑰，时间长了，白的就成了桌上的米饭粒，而红的就成了心头的朱砂痣；但如果他要了红的那朵，日子久了，红的就变成了墙上的蚊子血，而白的，却是床前明月光。"

就是从那个年纪开始，我不可自拔地喜欢上了白玫瑰，某种潜意识下也总是觉得，最后走到一起的，也许未必需要是真爱。

人不总是惦记着，无法触及的那部分吗。拥有以后占有欲不断晋级，我们开始成群地储备越来越多不可及的愿望。

你有没有发现，爱从来就不是对等的，你迫切去追逐的，不过是自己勾勒出的完美另一半的影子，越靠近你理想的模样你就越想要，你越是追逐他越是死命地奔跑。

今晚终于看了盼望已久的"Phantom of the Opera"（歌剧《魅影》）。虽然很早就熟悉了情节和音乐，可还是忍不住被现场的一切所感染。临近尾声的时候，伴随着告别的歌声我泪流满面。哭泣从来就没有恰到好处过也从来不会选择时机，抽抽地吸溜着鼻涕，连张纸巾都没有。

突然觉得爱情这东西，也许还是存在瞬间感的。在好多瞬间爱情都有来过，就像小说里说的"L'amour avait passé par là"（爱情曾经从那里经过）一样。只是对于有些人你会持续性地给予，有些过了也就忘了。剧中女主角克里斯汀亲吻幽灵的那一刻我想她一定也是感受到了这份真诚、变态、扭曲的爱了，只是，这不足以成为她留下来的理由。

能驻足的，才可谓真爱。

在爱情里我们都是没长大的孩子，掂量，给予，付出，索取，像抽水马桶一样不停地循环。有些爱是不停地关怀，有些爱是掐个半死再放手，有些是细水长流地扯大锯，重要的是，在这个过程中，我们都无一遗漏地感受着。

那天我和蜜说，你知道长大是什么吗？从小我们都幻想美好地生活，相信自己真的有隐形翅膀，也期待在某一天的转角遇到爱……成长，是当我们知道所有的幻象都是海市蜃楼的时候，还可以心怀美好的生活：颠簸也好，坎坷也罢，摔摔更健康。

今晚我想以歌剧《魅影》的台词来结束推送：There will never be a day when I won't think of you.（永远没有我不想你的那一天）。永远是多久，不知道，但是，听起来一如既往的美好。

但凡我们还感受着彼此的温度，就够了。

其他的，且听风吟吧。

女人真的是口是心非

昨天在咖啡厅，听见坐在身边的两个女人对话：

"你说他什么意思？说完了再见就玩消失了？"

"我觉得他可能是忙。"

"可不是说男人再忙也有空回复吗？"

"咱们分析下哈……"

然后两个妞儿，喷着口水，脑补了一个连续剧来分析男人的态度。

这就是女人的世界，我，也是这世界的一部分。

我和我的蜜们，同样可以滔滔不绝整个下午甚至到午夜。

女人的话题，除了变美购物游玩生活之外，肯定少不了男人。

男人在我们的世界里是必不可少的，也是经常被唾弃和咒骂的，更是不停地会找理由原谅的。没有一个女人不是心思缜密的，原谅我们来自不同的星球，当爱情遇到 bug 卡壳儿的时候，什么 spa 做指甲剪头都无法让我们去分散精力。

女人说：没事儿，你去吧。她们心里想着：天啊，你还真去啊？！

女人说：挺好的呀。那可能就意味着没那么好。

好多哥们儿和我抱怨的时候会说："你们女人，就不能直接点儿吗？谁那么有空天天去猜你啊？！"

女人心，海底针。作为其中的一根针，好多时候我们以为自己聪明潇洒，然而事实并非如此。我们其实做不到自己想象中的模样：好多女孩会爱上炮友爱上炮神，满嘴不在意地说，我知道我知道，不走心不就得了。可针扎的痛楚是无法掩藏的。有的女人会爱上有妇之夫，说没关系没关系，最后被抛弃被伤得体无完肤，然后才明白什么叫生无可恋。还有的女人，尽管抱怨着男友的各种不是，还不是依然贴心地照顾衣食住行，爱到没朋友。

如果说男人过了保质期就没有了新鲜感，那总有部分女人是过了保质期也捏着鼻子把饭往肚子里咽的人。

为什么我们明明疼着却说很好，我们明明不快乐却挤出来微笑，我们不会说再见却第一个转身，我们没有高潮却得扮得很high，我们扛下了一切却不愿被理解。

我们只是觉得得来不易，不想轻易失去。
所有的"你开心就好"背后，都有一条跋山涉水的漫漫长路。

I NEED A MAN WHO DOESN'T FAIL ME.

噢耶，今天本姑娘又十八

按照一贯的作风选一张侧脸像，感觉立体又不那么清楚。因为这是篇生日感言，所以一定要在年迈卧床回忆起来的时候，感觉津津有味才是。

今年我真是胖了，不是一星半点的胖。有人说幸福的人都会发福，在几个星期放肆地面食啤酒撸串烤肉火锅下，我感觉到了肉在滋滋地生长。我妈说挺好的，女生看起来肉肉的很可爱，可我已经不是小女生了。

看到这张相片，想起几年前的生日，我终于公开地提到了自己是处女座，我蜜也开心地起哄说，你终于承认你的叽歪了。因为常年被黑，如果不是关系很熟我一般很少说起自己的星座。我没有大处女的霸气和自豪感，听到最多最美的夸奖就是"你的心太大了"，所以那些个因为悲伤痛苦瘦成纸片人的励志故事，距离我一直特别遥远。

唯独纠结这个事儿，还是让我觉得自己还是个处女座。

你知道吗，纠结是高等动物所具备的一个特别傻却又可爱的特质。至少这意味着，我们有多重的选择。

嗯，比如看到第一张照片我会无限想念自己的长发，披肩齐腰的大卷发。曾几何时觉得厚重得忍无可忍，周边所有人都在阻拦说不要剪！你一定会后悔！我只能说你们是懂我的。在剪短之后的若干个岁月看到了任何长发的照片我都在后悔，同时也种下了一颗期盼的种子，期待着头发长长。

这就是处女座的叽歪和无敌循环的力量。

就好像我故作成熟被 N 多人当成心理顾问和亲妈的时候，内心总会有个声音问："自己什么时候长大？"

嗯，我什么时候才能长大？

这些年收到的最多的问题就是："你到底是怎么长大的？"

小草也许永远也长不成参天大树，但是春风吹又生的故事，我们可以倒背如流。我没有白玫瑰的娇贵也不够栀子花那般芳香，我想做白色的芍药可并没遇到金贵的呵护。如果要选择，那就做价格便宜量又足的绿萝吧，给点水就能漫山遍野地生长。

我很慢热，也很不会正确地表达自己的情感。

我很容易被一件事物吸引然后就奋不顾身地扑过去。

我很不容易将热情一直持续，然后将它化为力量。我喜欢很多彩的世界却坚持只穿三个颜色的衣服。我的笑点特别低，经常冷笑话没有开头，自己已经笑瘫痪在沙发上。

我相信一见钟情也相信真爱，睡一觉就可以忘记一切的不美好。

小时候我很容易摔跟头，红药水和紫药水是家里常见的必备，直到现在液体创可贴也是随身携带。我妈貌似已经习惯了我摔个稀巴烂、大腿流着血回家。

　　一个没有当过医生的她，包扎伤口可是一把好手。当然到现在我也没闹清楚，眼睛明明是眺望到了水平线的远方，为什么事故和危险总是出现在最邻近的脚底下。

　　我身上有这样那样的缺点。可你们一直无怨无悔地爱着我。你们总是说我缺心眼儿，也带给你们这样或那样的快乐。要知道拥有你们，是我这辈子最大的幸福和快乐。

　　我不知道什么时候能成熟地掂量事情的利弊，也不知道怎么做才更接近成功，我想哭的时候随时什么都是泪点，想笑的时候也是随时随地 high 起来。

　　感谢你们一路的忍耐、疼爱和包容，真的很感谢。

终于等到了光，
才发现，我是芒

1.

已经好长一段时间了，会经常有句话闪现在脑海里，觉得很不错想写进公号，可一犯懒没有动笔，一会儿竟然忘得一干二净，烟消云散的。

按道理说伟大的思绪连冒出来的烟都应该是伟大的，怎么能说没就没呢？

好像在这样的云里雾里生活，已经有阵子了。本来已遵医嘱减量的咖啡，又因为如今夏星巴克新出的"冷萃"，口感过于清爽迷人，瘾又上来了。睁眼那一刻起没有咖啡因的任何行径，都是踩棉花。如果你体会过那种眼球暴突、头筋断裂的感觉，你一定明白我说的是什么。

这是我师傅做的咖啡，师傅我已经忘了 15g 的手冲该放多少水，不抽烟不喝酒不赌博不跳霹雳舞，咖啡是我唯一戒不掉的瘾。当然这和戒不掉的思念还差着好几条街，没有了可以凑合，太忙了可以忍，可以等，还可控。

2.

终于拿起了前段时间某人推荐的书，跳过了自序，读了几个篇章，简直要窒息。如果说遇到了湍急的河流我更愿意想办法穿越，而不是躺着等死。不喜欢太教条太负面的文字，虽然同是女人但我并不支持女权主义。生活中有些是可替代的，有些并不可逆。我们总是为了显示自己的强大而做出来"故弄玄虚"的动作，这和小姑娘穿大人的高跟鞋是一个意思，能走，能趿拉，但是舒服不舒服，自己知道吧。

书中抨击了各种社会现象，各类男人，也阐述了作者的无比孤独。

但凡食人间烟火的，难免孤独。世界上没有任何一个人可以完全地侵蚀并了解你内心的孤寂，除了自己。老是停留在孤独阶段的群体，潜意识里也自我寻找孤独。

就好像你一直在说好期待皎洁的月光，中秋节那天阴霾你依然憧憬满满，十五的月亮到了十六终于圆了，可你却说这不是我期待的样子。

3.

忙碌的九月又开始了，香港从来就没秋风瑟瑟的季节，当年的风衣都移民北京的大衣柜了。8月末的艳阳下，躲在太阳伞下还是晒秃噜了皮。

都说秋天是个丰收的季节，那天在 youtube 上看到一个视频说，香蕉尾巴的黑色部分是香蕉的种子，如果和半拉猕猴桃埋在一起就可以结出他们的果实——一个拥有着香蕉皮、猕猴桃内心的果实。

看来种瓜得瓜、种豆得豆的理论还是成立的，真难想象香蕉和猕猴桃都能出产 baby 的年代，还有什么不能发生的。

4.

为什么两条平行线始终不会交集呢？因为一个是光，一个是像影子一样的"芒"，它们齐头并进，永远并进。追赶着对方的速度，观望着对方的美好却没机会体会。

如果天冷了就自己添加衣服吧，毕竟我们都大了。

你凭什么
这么有恃无恐

1.

忘了是谁说的，当一个人躺在床上老是缅怀着过去的时候，那说明他老了。

有时候在饭局上，大家老是翻过来掉过去地说以前的事儿，经常会觉得有点厌倦。我还是个特别挂相的人，第一次听会觉得很兴奋，第三第四次就开始不愿意消耗时间了，一分钟都不愿意多耽误。

但回家路上想想看，这不过是因为，我不在其中。如果记忆是属于你的，那么时不时地回忆，也会变得津津乐道吧。记忆就好像棉花糖，有的是溶化在口，绵绵质感充满了意犹未尽的甜蜜；也有的是卡在喉咙里，黏儿甜得不行，解不了的腻，反胃好久。

但一分一秒始终都会过去。

不爱用 facebook 了，每次打开都是只看到几个人的无限刷新，划拉到断手指头的自拍。我想看的一类人，从来都是没空分享生活。也不喜欢被人 tag，永远那些个没洗头、眼睛肿、睫毛乱了、显得粗胳膊粗腿的照片，老是会显示出我的名字，还无法删除。

2.

这几天好多人在转发一个 74 岁的日本妓女的故事，我还看了一个长达 90 分钟的纪录片。顺手也把视频的链接转发给了去英国的室友女孩，近两个小时之后，她发了一句：heavy words.

关于好多的过去，没有身临其境的人，是无法体会那种真切的灼伤。

好多事情未必是我们眼中所看到或者臆想中的那般，比如丑陋、或者卑劣甚至放荡。也许正是因为内心的缺失和龌龊，才会强加诸多的不美好。你需要了解一个故事的全部，再来判断对与错。或者事情本身根本不存在对与错，它不过是一条流淌的长河：你的涉入与退出，也只是和你相关的澎湃或低潮。

他们为什么这么有恃无恐地做我们认为错的事情？

他们熟读"坚持己见"这四个字。

3.

前几天看了 GQ 编辑总监写的卷首语，真是明白了什么叫字字珠玑。美好的文字总能带给人特别辽阔的天空，"愿你走出半生，归来还是少年"，简直咄咄地戳中了我的心脏。瞬间地我这种半吊子的假文青一下被落远了几条街，倍感落差。

人总是要和志同道合的人走在一起，才能进步和快乐。

与你们共勉之。

鱼子酱
太好吃

1.

母后开心地从北欧凯旋，照旧的——满载而归。母后连跑带颠地找到了我要的某品牌黑毛衣，虽然她对于我所有的衣服早已处于分不出来区别的境界。还附赠了若干我没有申请的冰箱贴、小玩具及各种瓶瓶罐罐。有种母爱，真的是把你当成柠檬天天泡在蜜糖里还是怕你受了委屈地反酸。

早上就着新鲜的粗麦核桃面包、卡蒙贝尔奶酪，还有娘亲背回来新鲜到入口即化的鱼子，瞬间一个面包就被我干掉了。想当年第一次见蜜的朋友，因为看见我对象拔蚌生鱼片都没怎么动筷子，后来招牌饺子上来了一个人扫了半盘，立马被荣誉为主食妹妹。

每次请我吃豪华自助的人都会愤恨地说，你就不能吃点值钱的。

早上美好的鱼子酱令我过了大半天还晃悠着一种莫名的幸福感。也不知道是面包带来的，还是母后千里迢迢的心意所致。

有时候幸福感真的是一种无法言喻的东西，真金白银，流金岁月，都换不来。

2.

我蜜前几天感叹说，为什么有些人会对个 Logo 紧追不舍？抠抠唧唧地出去玩儿，却一定要追求那些与自己经济范围不平等的物质？我说，因为太害怕没有了。

世界上好多事儿就是特别蹊跷，越是有的越怕人知道也就越无欲；越是没有的，就越是生怕无人不知。正所谓，那些说哎呀你看我多爱你啊我对你那么好的人，往往在遇事之后都是跑得最快也是最远的。而默默支持在大后方的人，总是以你最想象不到的方式冒出来，无条件给到你心慌。

不是所有的爱，
最后都是放手。

3.

这两天很多人转发关于林心如说自己妈妈为什么离婚的段子：因为自己的父亲往妈妈的花盆里弹烟灰，不能理解对方向往美好的心情。最后心如妈妈遇到懂得感恩，热爱生活的继父，喜欢带着她妈妈庆祝每一个节日，珍惜每一个瞬间，也欣赏及配合她的每一个爱好。

那些个想法多多，热爱生活的女人们，保不齐会因为这段话离婚的。人生说长不长，说短也不短。

我们老是说岁月是把杀猪刀，那是因为我们就甘愿把自己当成了猪；我们老是说岁月蹉跎了自己，其实不过是我们放弃了美好，任由青春飞逝。

如果说每天早晨你不能拉开窗帘就感受到世界的美好，
那一定要深思下，
你是不是将就了什么，
才看不到清晰的路。

鱼子酱太好吃，我们不过是想每天都是快乐的，好好咀嚼生活的细节，这并不难。

甲之蜜糖，
乙之砒霜

1.

曾经在国内有个电影很火，叫《从你的全世界路过》，我的女神也为此开嗓。也不知道为什么，女神这些年的歌都是词曲好过唱功。但无所谓的是，女神永远都是女神，哪怕看看样子都会开心。人们对于自己的喜爱就是这样，只要是喜欢的，就没有不好，不好也是好。原则这东西，一点都不重要。看了看故事梗概，又是关于，有些爱情终成眷属了，有些走着走着就散了，有些则是分分合合了整个人生，结果待定。

年轻时候我特别喜欢看打打杀杀的美国大片，bang bang bang，pa pa pa，肌肉猛男枪战加激情戏码，看完了吃个冰激凌也就忘得差不多了，完全不用动脑。

总是想避免，哭哭啼啼的情与爱，和片后无限的感情震荡。要知道，感情是个很麻烦的东西。剪不断，理还乱。

情不知所起，
　一往而深；
　缘不知所深，

2.

我蜜说：其实你也可以考虑写剧本啊。我半吊子地说：我的人生足够是个剧本了，还写哪。

是不是所有的爱情，都要图一个结局？如果没有结局，那么是不是只能选择分离？我们一开始爱上对方的时候，想过晚年扶着逛公园、互相抽痰的事吗？

最近居然被一个大家都认为不太好的国产电视剧，分分钟看到泪流满面。好多事情还真是需要自己经历了，才能有资格和体力去评头论足。生活阅历给我们带来的何止是经验，更多的是五味杂陈的味觉体验：

笑容是甜的，眼泪是咸的，委屈是苦涩的，愤怒是辛辣的。

有时候你觉得强压在心里的压力带走了初始的快乐，可压力走了又发现所有的快乐都来自压力，这时候该如何解？

周围好多做父母的为了儿女，日夜奔波在外，到头来儿女反而抱怨没有陪伴。有人说，幸福的生活是一个很难平衡的天平，稍不留意就倾斜歪倒。我觉得——

幸福是一种决定，
你想好了，那就会幸福了，
哪怕天上并没有掉馅儿饼。

爱情也是个无解的事儿，钱锺书早年讲述了一个围城的故事给我们：城里城外进进出出，人嘛，总是渴望没有拥有的那片天。霍金的理论告诉我们，被黑洞吞噬的一切将以另外的一种形式在宇宙之外存在。除非我们真的聪明得可以对情感绕道而行。

至少我不能。

3.

我听过对我最大限度的赞美就是：

·就你这对主食的需求，能保持现在的体形，真的太不容易了。

·就你这么一个晒法儿，能不走印尼女路线，实属不易了！

上周末又去了海边，大风起兮云飞扬的那一刻，看着散发着荷尔蒙味道冲浪的鲜肉男女们，觉得青春无限好，虽然未黄昏。如果爱情是砒霜，我愿意感情深，一口闷了。

之前闹腾了一个礼拜说要去成都、稻城亚丁，然后又嫌麻烦又嫌远又嫌辣屁屁没得吃，结果就没有结果了。前天看到小六儿去了，也作罢只能评论句：美啊！

当我们感叹美的时候，可能心里已经布满了遗憾和不美了。好多的梦想还没实现，还没和爱人去到爱琴海，也没看到说了八百年会眷顾精灵们的北极光。

我决定大胆地追一次星，流着泪看完一场演唱会。

然后悠扬地微醺，不要酩酊大醉地踉跄老去。

笑容是甜的，
眼泪是咸的，
委屈是苦涩的，
愤怒是辛辣的。

YOU'VE NEVER CHANGED

1.

有人说，香港是个弹丸之地，没啥意思，是非众多。庆幸的是，我从来就不是会卷入是非的人，最擅长的无非就是在硝烟四起的时候，呵呵，呵呵呵呵。

可能就像我妞儿说的：你记性太不好了，生气还没生完自己就忘了。

最近有个朋友，卷入了无尽的是非之中，某天向我哭诉说整个过程的来龙去脉，我送了句宫崎骏电影里的话给她：

"我们的一生犹如搭火车般上上落落，不是所有的都能陪你走到最后。"

她点点头，貌似明白了。其实我也不知道她是否真的能明白，我能做的，也不过是个聆听者。

有些人来到这世界会给你上课，有些人会陪你玩乐，太少的能走进心里最深处，而关于释怀呢，我们一辈子都在学习。

我告诉她，我从来就不在乎别人怎么去看待我的生活，你不喜欢我的同时，我也未必有多喜欢你。

她说，还是你这样好，冷惯了，让人觉得有距离感。You've never changed. 我说，那就把这当成你对我的赞美了，就这样吧。

其实我一直觉得自己是个无比热情似火的人，可能因为在公众场合话不多，或者不太爱张扬，老被人誉为"冷"。要知道我和我蜜在一起的时候，从来吃个饭都不下 4 小时，还不算上甜点及任何后续节目。

和喜欢的人在一起，就是怎么都待不够。关于别人的事儿呢，那就真的应该——

不分对错，只看唏嘘。

等年迈了躺在床上你会发现年轻时候叽歪的事儿没有半毛钱的意义，更别提别人的家事了。

2.

说到这句：You've never changed. 你从不曾改变。

并不想讨论这句话的褒贬，因为我从来就是一个听不出来褒贬的人。

记得以前上学的时候老师故意讽刺我，训我我还挺开心，最后老师也甘拜下风了。明明可以一鼓作气好好说的话，干吗非弄个冷嘲热讽呢。

不知道变化这东西，到底是好还是不好。这么多年无论从生活方式还是人生态度，一直没有一个质的飞跃。

除了曾经的锐气被磨得魂飞魄散，
身型仍是个软胖子，
内心仍是个软柿子。

他说："你尝试下强硬，整个世界就会变得不同。"

3.

那天看到"简单心理"的一封推送，标题就直秒我心——

"不曾走近你，就不会失去你。"

作为心理学硕士中的低才生，貌似感情路上，我一直存在着此类的心理 bug。当然，我也一直认为，不靠近，是屏蔽伤害的最好方式。

有时候心生懵懂，其实，未必真的需要去懂。不少人都说，爱情最美好的部分就在一开始的暧昧和渴求阶段，这个阶段没有诉求，也无须刻意满足。付出并没有被放在秤上去衡量，也不会因为无法占有而失落。没有就没有呗，反正喜欢大过天。

但是要知道好多事情错过了真的就没了，流星雨、北极光、日全食，还有爱一个人。能有种五味杂陈的体会，是幸福的，即使冒着遍体鳞伤的危险。

至少我们来过，至少我们爱过。

此情可待成追忆，
只是当时已惘然。

好久不见

Long Time No See

当你想阐述一件事情的来龙去脉和原因时，最好还是别说了，因为该发生的已经发生，即将发生的，还在路上。

相见欢，
无言独上西楼，
月如钩，
寂寞梧桐深院锁清秋。

1.

终于步入 11 月，北方秋风瑟瑟尚未供暖时，在朋友圈出镜率最高的就是电暖气、口罩、暖宝宝。没有雾霾的话，此刻香山的红叶一定美得层出不穷的，使馆区街道上的银杏叶子，也一定散落了整个街道。南方这几天在白天暴晒之余，傍晚也吹去了阵阵秋风。可这种风，只能让人偶尔打个寒战。

比起北方那种如刀子般割在人脸上的秋风，还是差得挺远。供暖之前，瑟瑟地在房间里穿得像秋菊打官司一样懒得动弹半分的感觉，像极了三十而不立的颓废。

我们常说，"我把你放在心里""我永远爱你"。

可心里到底在哪儿，其实根本没人知道；而永远有多远呢，从来没人去衡量。

蜜告诉我说，攥起拳头，拳头的大小就是自己心脏的大小。看了看我的拳头，简直难以相信这样类别的一块肉，除了运营生命之余，还有不可言喻的承受力。

2

老人们以前总说，秋天是个丰收的季节，盛夏的果实都开始收成。

秋天也是个离别的季节，没有准备说的再见，转身了就没再回来。准备说好的离别，开完口也便无法收拾。

准备立冬了北方在吃着饺子，南方在包着汤圆。热气腾腾的地方，才有家的味道，喧闹也好，争吵也罢，最终我们还是要睡觉的。

去年秋风吹起的时候，我还戴着口罩在马场和大 Chris 较劲。时间真是眨眼就过了。

曾经觉得我们可以相安无事地老去，现在发现我们已然老去可没有相安无事。

"DON'T GO GENTLE INTO THAT NIGHT
RAGE, RAGE AGAINST THE DYING OF THE LIGHT".
　　　　　　　　　——DYLAN THOMAS

3

　　隔了这么久才更新，你一定觉得此时此刻我说的话是如此的没有力量。我从来也没说过自己是个有力量的人。

　　天冷，大家保暖吧。

DON'T GO GENTLE INTO THAT NIGHT.

　　大家听到这句话，一定会想起《星际穿越》吧？很好看的一部电影，人只要执着起来，就没有对错可言。苦的是等待，苦的是期盼。
　　母后的微信名叫"仰望天空的星"，母后是一个典型热爱生活、极其有条理、有爱则无原则、做事努力、爱憎分明的水瓶座。

　　妞儿也因为我喜欢酷玩乐队，动不动刷牙时候就扭着屁股哼唱"A SKY FULL OF STARS"，那天还偷偷告诉我，在学校有空的时候她在 youtube 上研究了我喜欢的乐队极其相关。然后大方地说："去看演唱会吧，去追求你喜欢的吧，家里有我呢，我挺你。"

蜜说，因为你这样一个软柿子般的人，所以，你周围的人都会无比坚强和勇敢。我说，怎么这听起来像贬义。我一直以为自己，也是强大和坚强的。

　　爱的感觉很美好，但爱，也有很多看不到的付出及艰辛。你愿意面对他往日的美好，却不愿意收拾醉酒的残局。你爱她高调的美丽，却不能理解她沉默的原因。

LIFE IS NOT JUST ABOUT UNICORNS AND CUPCAKES.

　　他们说，坚强的人绝对不会因为动画片里死个动物，哭瘫痪在电影院里。
　　还记得很多年前朝阳大悦城的午夜场，我蜜买了气泡水爆米花等我，我们看了场青春剧《分手合约》，最后我哭得连鼻涕都只能抹在袖子上，她恨不得誓死再不和我去影院。

　　他们说，坚强的人，早就过了看见毛绒玩具走不动路的年纪。别逗了，小兔子和大钻戒，你动动脑子好吗？
　　因为买玩具的事儿，不知道被骂了多少回了，可是一个 20 块钱的小恐龙带给我的快乐，你们真的不懂。

他们说，坚强的人，从来不会为命运的风向而动摇。可风向标在哪里，你知道吗？

他们说，坚强的人，从不会放弃自己追求的梦想。你还是一个充满幻想的人吗？

想起多年前一位朋友写过的小说——《如果这都不算爱》。故事具体的结局不记得了，只记得有大段落的生活内容描写及生动男人的心理动态，里面有句话几乎铭记了半辈子：

"我们何尝不是捂住伤口，仓皇而逃。"

在面对爱的时候，每个人的处理方式都不同，有人激进，有人孱弱；在离别的路口，每个人的表象也都不同，有人优雅地离开，有人愤恨地谩骂，也有的，一言不发地摧毁。

我们到底是否应该在最爱的人面前，
毫无掩饰地暴露最真实的自己？

FELIZ NAVIDAD

当大街小巷充斥着各种圣诞的味道，虾兵蟹将们在回家的路上哼唱着 "MARY'S BOY CHILD"，声音悠扬且清澈。

才突然意识到，圣诞将至。

趁着午饭时间匆忙地从花市扛了一棵圣诞树回家，卖花的姐姐一直礼貌地申请帮忙，直到看我一只手把一棵树扛在肩膀，也不知道是出于怜悯还是佩服，又送了盆美丽的圣诞花搭在我另外一只空手上。

到家翻箱倒柜地把圣诞树装饰找了出来，发现这些小零碎就像记忆一样，完好的完好，凌乱的凌乱，破碎的破碎，全新的全新。和抱病中的小土豆一起装饰好充满松香味的圣诞树，又把心爱的 JACK WILLS 地毯拿来陪衬，折腾一溜够，还抽空列了单子包了礼物写了几张贺卡。

如果温暖的迹象不过是用来掩盖支离破碎的心伤，你说这有多可怕。

当"温暖"这二字完全可以靠一个人来完成和实现，这种成熟的意识感让我的后脊梁骨都瓦凉瓦凉的。对于年少无知的孩童们来说，没有什么比闪着灯的圣诞树、香喷喷的火鸡、还有坐在地毯上聊天拆礼物更美好的了吧？

WHEN SHE WAS JUST A GIRL
SHE EXPECTED THE WORLD
BUT IT FLEW AWAY FROM HER REACH
SO SHE RAN AWAY IN HER SLEEP

还记得第一次接触圣诞，是安徒生的《卖火柴的小女孩》，那时候我还不到 6 岁，听故事里描述女孩眼巴巴地看着家家户户其乐融融的样子，从门缝里闻着圣诞餐的味道，心碎的感觉真是让人支离破碎。曾经我们以为童话中的美好都是真的，不美好都是假的。

　　过了二十几年，唯一没有变的，就是对美好事物的期待和对不美好事情不能接受的固执。我蜜总是说——

你总是把一切想得太美好，所以总是摔得疼。

　　有些人就是从来不会长记性，被骂了一百遍还是原地踏步。那么让我们欢快地唱一首歌，感受着浓浓的气氛——一种和孤单相远离的气氛。

　　我一直相信奇迹的出现和圣诞老人。

　　不要因为股票黄金楼市贷款支付宝余额，破坏了我们的梦。

有个声音在回响，
你在哪儿？

很想聊聊关于"丧偶"的现代家庭模式。带着引号的原因很明显，因为伴侣其实还行尸走肉地存在着。

那次去看《胡桃夹子》的芭蕾舞，之前几天脑子里洋溢了好多小时候的片段，以前的大北京有个音乐厅，为了培养及熏陶我的文化素养，我娘每周六日都会安排德智体美劳全齐的艺术之旅伴随着肚皮撑破的大餐，要么是去音乐厅听音乐会，要么去美术馆看展览然后吃大肘子，再要么是北海公园划船 +KFC，还有动物园和老莫……每每回忆起童年，除了浮现各种出其不意的美好，至于哈喇子也是横流。

昨儿妞儿说："那个，你能不能在你的 BLOG 上面写写 DABBING DANCE？"我说，首先一个成熟年纪的人不太会玩儿这类舞蹈，其次，我的公号是用来讨论感情和人生意义的……说完立刻给自己赋予一个高大上的神圣表情。

很喜欢孩子的单纯和可爱，有时候给他们赋予"神圣"的意义，哪怕就是洗个手，那这事儿也由心情立马神圣了。

说回来《胡桃夹子》，座无虚席的精彩演出，很多很多姐儿那个年纪的孩子都洋溢着不解和喜悦的笑容。

可惜的是，爸爸的身影几乎找不到。爸爸们呢？爸爸们在赚钱，在开会，在忙着社交，在创业，在这城市或其他城市喝得五迷三道，在和小绿茶们享受着新一轮的性爱体验。

爸爸们然后说，我在赚钱养家。这是现代社会中很大一部分人群的现状，痛苦吗？挺痛苦。潇洒吗？我看你们过得不错。

在此我并没有强调女权主义，或者抨击男人有担当的角色。这世界上有很多很好很好的男人，他们不愿意错过任何一个孩子成长的瞬间，他们懂得陪伴的意义，他们更知道体贴伴侣，他们努力去拼搏，更虚心地改变自己。

有时候看到大腹便便的孕妇一个人走在街上，有时候看到医院急诊室布满了焦头烂额抱着娃的母亲们，有时候一个人排队看医生打针进手术室出来缴费。那些个瞬间，我想你们一定会带脏字地骂过："你 × × 在哪儿？"

野火烧不尽，春风吹又生。生活好多时候并不是我们想象的样子，它固然多彩，却也时时充满了拨不开的雾霾。

生命中缺席的人们让我们独立强大，也让我们坦然面对失去与分离。

该到来的总是会到的，如果真的不会来，你一定也能脚踏实地地走好每一个春夏秋冬。

找 骂 的 时 候
你 总 是 想 到 我

我有个挺好的蜜，好久没联系，她天生就是那种一板一眼工作兢兢业业的人，从来也是一丝不苟。一直忙碌于工作，是个空中飞人，一点无数线地穿梭在南方几个城市，永远在加班。

前几天她突然发了一条微信给我，刚洗完澡一手都是水还没来得及点开，她又撤回了。然后发了一句，亲爱的，你在吗？我回复，"在，说吧，怎么了？"

后来我步行赶路的整个路途，她诉说了故事的来龙去脉，有意思的是，在故事的开始和结束，她都说了句，你一定会骂我吧？！

是的，我直接毫无掩饰地直戳重点，把她骂了个狗血淋头。闺密是种很奇怪的关系，不是姐妹又情同姐妹；可比友谊又胜过友谊；可以很久没见却毫无生疏感，像亲人一样无话不说，可以没有半点保留。

　　其实需要承认的是，所有人都是站着说话不腰疼的。关于感情，站在圈儿外面的总是比驻足在圈中的人看得明白得多，可人就是那么一个充满了情感又无法被理智左右的动物。有时候想想那些个满脑子只有金钱和利益的人，活得反而简单许多，可以绕道陷入伤害和被动冷暴力，多好。

其实妞儿，我并没有你想象的那般坚强不屈，我也曾面对生活及情感的崩盘，我也曾躲在厕所一个人掉眼泪，面对选择的十字路口，我也会徘徊不定。只是我给自己的人生，规定了若干个"不可以"，不可以低迷不振，不可以不努力，不可以不付出，不可以让家人不快乐。

快乐是很简单也是个特别复杂的东西，它是一个选择，当你选择了快乐，也就不要回头了。

**无论是摔得头破血流，
还是前途无尽迷茫，
摸爬滚打之后，
我们还是硬朗的。**

感谢你在迷茫的时候，愿意与之说话的人是我。

你啊，
什么时候才能长大？

我记得是大冰吧，曾经出过一本书叫《乖，摸摸头》。这是一个瞬间能秒倒许多姑娘的表达和动作，至少我，对于曾经胡噜过我泰迪狗一般头发的男人，唯一的反应，就是被融化，心里面小鹿乱撞，然后眨巴眨巴眼，暖到不行。

几年前我妈跟我着急的时候会说："你都多大了，还干出来这种事儿！"比如喝多了吐我妈一鞋，再或者消失个把小时编一个傻子都能分辨的瞎话。后来我妈在年长之后，开始使用"我都这么大年纪了，还如何如何……"的句子，貌似比直接说我孩子气更有力度。

我蜜好多时候也会埋怨我："你几岁了？动动脑子好吗？"一直觉得人与人之间理应是两点一线的距离，要么是你到我，要么就是我去你那里，当中间有半点障碍物和磕碰的时候我就立马慌乱。我蜜说，你当你还在幼儿园吗？这已经不是一个一对一的专一年代了。

直到有一天，
生活开始逼迫一个人长大。

所谓的被迫长大，就是身边有若干个张着嘴巴等着吃饭的人，身为数学白痴需要理清所有的账目，路痴分不清东西南北却需要开着像恐龙一样的车满城奔波，拿个包都犯腱鞘炎的人却需要像民工一样搬运，说个话都磕巴害羞的人需要和水管工等各类施工类男神打交道，本来什么都马大哈的人需要头脑极其清晰地处理各类文件，还不算上平日的衣食住行，还不算上任何突发状况。

你一定瞬间就长大了。

突发状况包括，
突如其来的账单，
从天而降儿子般的男人，
还有——
即将年迈身体欠佳、
变得像孩子般的父母。

记得小时候我跟我妈说，要是给我生个弟弟或妹妹，我就给冲马桶里去。现在想起来好狠毒，也好孤独。独生子女的孤独真是无人能懂，相对地，未来的若干年，他们也将承受任何一代不曾有的负担。

那天妞儿问我："你喜欢什么样男的啊？" 我说："长得好看的。"

　　颜值和身高这个东西在我心里一直占有极其重要的位置，如果两个都没有，那，也就没有那了。有人说女汉子们反而拥有一颗更柔软的心，也有人说如果他爱你，会像女儿一般呵护宠爱你，还有人说——

如果你遇到轻抚着你的头发，说"你什么时候才能长大"的人，他一定是用心在爱着你。

冰糖葫芦

我分不清山楂和山里红的区别，只是它们都放在一起卖的时候，山楂总是贵一点儿。

其实并不那么喜欢吃冰糖葫芦，我更喜欢吃我娘做的冰糖山楂。记得有段时间，有种极度的渴望想到山楂的酸爽立马口水横奔。所以接下来山楂下来的季节，母后会做好放在密封罐子里，飞个 1992 公里人肉送过来。他曾说："你身边任何一个男人包括我，都不及妈妈对你的爱。真的太多太多了。"

我们嘴上老是说
我爱你啊我爱你
可一动不动地什么都不做
对，就是一动不动

哪怕是回到北京，看见冰糖葫芦我不会有那种看到煎饼一样奋不顾身把自己撑死也得吃的激情。"主食妹妹"，绝不是浪得虚名的。

那天妞儿她们从花市每人买了一串冰糖葫芦回来，妞儿兴高采烈地跑过来问我："你可以写一篇关于冰糖葫芦的故事吗？"对于单纯热情洋溢的请求，我从来不知道怎么拒绝，也没有必要拒绝。看着她们因为一串串冰糖葫芦而雀跃的样子，瞬间地，脑海里布满了儿时的回忆。

冰糖葫芦，对一个十几岁就离家的人，已是一种情结和乡愁。我并不是一个寻求仪式感的人，可有时候，我们需要仪式来证明这个日子与其他日子的不同。

我想起了小时候人流熙攘的地坛庙会，几天前就会兴奋地盘算用压岁钱能买些什么吃些什么；我想起每当冰糖葫芦上黏黏的糖浆粘在后槽牙，总会忍不住用左手食指去抠，我娘立马就会说女孩子要有女孩子的样子；我想起了冰冷的空气中我总会使劲儿用丹田的力气哈气，看着小烟儿徐徐上升，感觉整个世界都充满了无限；我想念北京寒冬里空气里爆竹和泥土的味道，还有高大的爷们儿乱丢的烟头。

扎了根的记忆不会一直在闪烁，可它会在特定的时间里锋利地跳出来，让一切历历在目。

从来就不想做一个有故事的人，可是慢慢地就谱写了一则则故事。

明天就是除夕了，咬一口冰糖葫芦吧，趁上面冰糖还脆的时候。
祝各位新春快乐。

你到底
经历了什么？

有个大概二十年没见的朋友，前几天突然给我留言："你到底经历了什么？你的文字有种饱含风霜的异样感觉。"我用一句话轻描淡写地告诉了他，我的过去还有现在。然后大家就顺势调侃没有方向的未来。

我到底经历了什么？

以前小的时候大人们会说"某某某吃过的盐比你吃的饭还多"。对于一个不喜欢吃米饭的人，任何一个人在此题目中PK我都可以胜出。长辈们是告诉我们如何以经验来评判，如何以过去来衡量，此话是真心不假的。只是没想到岁月也将我卷入了这一波大流中，人生果然充满了若干你无法预期的和无力抗拒的。

整整一个春节，看着朋友圈里面旅游的旅游，晒娃的晒娃，拍菜的拍菜，大家都以不同的方式，吆喝着辞旧迎新的口号和诉说喜迎春节的故事。也不排除有我这样的，写来写去都觉得自己无比丧气，然后干脆不写，本来嘛，老去并不是一个值得纪念的事儿。

还是要谢谢这些天朋友和球儿粉们的祝福，就不一一回复了，在此一块儿侃吧：

　　——祝福我新春快乐的：要知道对一个脑子大条的人来说，节日的仪式感并没有那么重要。不好的记忆终将会被意识刻意地抹去，如果能睡到自然醒就会很快乐，再冰冷的床翌日醒来被窝一定是温暖的。

　　——祝福我不要长胖的：对不起父老乡亲的众望，人一旦突然松懈下来就懒得不要不要的。我妈这种自律性极高的人总是找各种借口运动走路添加自己在微信排行榜的步数；我呢，每次排行只有两步，好多人点赞的时候，反而欠得整个人都精神抖擞了。

　　——祝福我找个好归宿的：一直认为"归宿"这个定义并不是物理性的，心的所属感并不需要任何实质。有些人身边一辈子都有人陪伴，心却浪荡得不行；有些人只身一人，却坚守了一切。只有自己想明白了才是真稳定。

" 命运的底蕴，是由其他人看不见的经验所组成。切割的决裂会再度愈合，会痊愈且被遗忘，然而隐蔽的深处，它依然存在，继续淌血。"

——黑塞《德米安》

这句话作为本篇引言再好不过。

十几岁离家的时候在首都机场，我妈跟我说："不怕啊，你就往前看别回头。"我还真就一扎猛子一直走，没再回过头。二十年后再送别，基本是一步一回头。

有时候也不知道太听话是好事儿还是坏事儿。有人说若干年后，你一定会转变成当年你父母的样子，果不其然。现在的我，还是不回头。

没有眼泪的陨石

以前上学的时候流行写情书写纸条，忘了是谁了曾经写给我一句：
"我永远都会爱你。"真的是打了个激灵，久久才回复："那么永远是多久？"

"就是一辈子都不会变。"那时候我们真的还小，根本不会衡量时间的长度和责任的重负，最漫长的等待就是放学；最简单的快乐就是考完了试可以撒欢儿；总觉得在操场上擦肩而过的轻瞥就是所谓的感情；也把当时的感觉幻想为一生一世。现在连这个人是谁，我都回忆不起来。我想他一定也不再记得我的模样。

不在乎天长地久
只在乎曾经拥有

忘记这是哪个牌子的广告，一度流行。这句话也曾深深地成为我内心的独白。直到有人告诉我，说这句话的人，是因为一开始就没有抱着可以成功的念头。无力去否认。这种黑暗系极度消极的态度曾被所有的微笑所掩盖，但是同时也造就了一层与世隔绝的保护膜。

两情若是久长时
又岂在朝朝暮暮

不喜欢每天都和一个人腻着。一直觉得，再相爱的两个人，都是需要空间的；也一直认为，最长远的平衡，是不要太亲近；视觉一定会疲劳，感觉也总归会乏味。好多的爱之所以会带来伤害，无非是因为用力过猛，到头来都只能留有回味。

后来又有人告诉我：
WHEN YOU LOVE SOMEONE
YOU HAVE TO GIVE THEM THE KEYS
TO EVERYTHING THAT IS YOURS,
OTHERWISE WHAT'S THE POINT ?

如果不能全心打开，那么在一起的点，又在哪里？人的想法总是变来变去，周遭的人，也会换来换去。对着谁你会全情投入，对着谁你又会背道而驰？你会在一个阶段极度渴望一种状态，然后又发现这一切并非你所想要。

听说陨石是行星相撞时候擦出的碎片，科学家们能够根据这些碎片，准确地判断来源。小时候有一次狮子座流星雨，同学们都相约着半夜起来集合去看，说好了顺便许下最真诚的愿望：考的都会，蒙的都对，相爱的永远不分开。大面积的流星雨很美，虽然我从来没有看过。大学的时候流行一部偶像剧叫《流星花园》，杉菜和道明寺的故事让当时的我们都觉得另一半应该是温柔体贴霸气帅到爆条件好且永远不离不弃的。然后呢？

我们一路就跟跟跄跄地长大了。

第一次看到流星，是在斐济龟岛的沙滩上。喝得满目眩晕地往房间走，突然看见一颗流星长长地划过湛蓝的天空。好一阵伤感，不知道是不是真的有重要生命离开世界，在天际就此告别。要不是喝大了我恨不得去追逐这片陨石的去向，想把这份难得，带走。

如果再提永远，我可能还是会转身而去。

这是一个太遥远又无边际的许诺，
还是把它送给没有眼泪的陨石吧。

如果不这样

记得小时候有个每天牵手回家的小男孩，快到放寒假前我和他说："寒假以后我们可能就不牵手了。"男孩一下子哭了，问我为什么。我回答说，因为要放寒假了呀，过了一个假期，好多事情就不记得了。那不如就这样。

后来的许多年月里，我的态度一直是——

那不如就这样。

也有人说，所有能分开的关系，最终还是因为不够爱。

一个好朋友前几天和我说，出差在外的这个阶段有个同事对她很好，应不应该接受这份不能完全属于自己的爱？

　　我问她：很爱吗？有像当年爱 ×× 那样吗？

　　她犹豫了几秒说：倒也没有，就是觉得出差一个人在外，他一直很照顾我，对我很好。

　　那么就不要蹚这趟浑水。除非是真爱。

　　她问我，你又如何去定义何为真爱。

　　等他到来的时候，你就懂了。

　　好像在漆黑的房间里突然有了光，瞬间刺眼却又暖生希望。

　　你会日日夜夜惦念着，想了解他的一切；你变得毫无原则，推翻自己辛苦搭建起来的堡垒；那种爱是有吞噬力的，你们会互相吞噬彼此，用尽最大的努力去证明自己也是他的此生挚爱；你会感到人生前所未有的骄傲，因为有他。

　　拥抱他的时候，你觉得自己的灵魂都在发抖。

　　我祝福你能遇到这样的一个人，那么这一辈子不
会白来；我也期盼着你不要遇到这样的一个人，因为
结束的时候你会很疼。

　　比撕心裂肺，要夸张许多。

　　别问我为什么这一切会结束。

　　命运安排给我们许多事情，比如升官发财，再比
如让你体验身体和心灵所有感官的绽放，之后再失去，
从沉沦中爬起，然后让朱砂痣刻在心上。如果遇到了
让你灵魂发抖的他，那么能做的唯有惺惺相惜。

　　然后再惺惺相惜，没有人能替你描述那份内心的
不舍。

　　晚安。

最笨的 女人

此文献给最疼爱我也整天欺负我的母亲大人。今天我爸突然跟我说，你写篇文章吧，就叫"世界上最笨的女人"。我妈在旁边满脸洋溢着幸福地说："那你应该再写一篇'世界上最狡猾的男人'。"

我的内心独白其实是，怎么感觉好像点歌台……

既然提到了，那么就写写这个笨女人。

在那个动荡艰苦又简单的年代，我妈就像一枝铿锵玫瑰一样，伫立在那里，也像社会主义政策一般，雷打不倒石头砸不动。做什么事情都一股脑儿地往下扎，不计后果，不考虑失败。铿锵玫瑰在此并不完全是褒义词，玫瑰都是带刺儿的，她不但矫情还扎人。绝不是因为我妈是我妈而偏袒，有时候她确实很扎人。

我妈在外婆家排行最小，没遗传到我外公高大威猛的身材，小小的个子微卷的头发。出生在一个大家连拉手都不能光明正大的年代，她拥有着大多数女性望眼欲穿的大胸。博学多识出身好，再加上事业一马平川，长得漂亮，这就造就了我妈性格里的最大特点——心气儿高，趾高气扬。像我这种从小数理化都抄作业的学生从来就不会有这种心态，传个字条谈个恋爱还被教导主任猛K呢，哪儿来的底气？

我妈的头发是深棕色的，所以我的头发打小就不黑。以前上学的时候做早操，老是有人过来戳我的后脑勺问我为什么染头发。被请家长后，老师们看着我妈如金毛狮王一样冲进学校就都不说话了。我曾尝试用"光明一洗黑"自己染头发，结果没有戴手套，后续做了若干星期的黑手姑娘。

小时候，我妈公司整整一层楼，她胖乎乎的还特爱穿高跟鞋，在楼道里总能听到笨拙雷厉的咯咯咯声。一到暑假我就在她公司打各种高酬劳的暑期工，混吃混喝的还能赚零花钱。听着大家人前人后地叫她心里倍感骄傲，内心深处我又很怕，因为我没有她那般优秀，也永远不能如她所愿般优秀。我就是一个禁不住人期待的人，越是对我抱希望，我就越不争气。对于她，我一直是惧怕的。我还真的是那种我妈喊我回家吃饭穿秋裤睡觉带孩子我立马就走的人，没办法，那种心颤的咔嚓咔嚓的感觉，无法言喻。

　　其实我从来不觉得我妈笨，她真的是一个能拳打脚踢的新时代女强人，这也就自然解释了我常年屁包的状态——

因为她很坚强，
在她的堡垒里
我完全没有长大的必要。

有次凌晨 4 点送我去天安门参加学校活动看升旗，我妈揣了一把水果刀在书包里，后来我问她这是干吗，她说："万一有坏人呢，防身。"可那把刀连切个西红柿都得来回蹭半天。她走遍了祖国山河，整个地球没去的地方也不多了，可我妈老说："再不走走就老了。"

人在很多时段，都会在一定程度上变成自己父母的模样，我妈无数次地薅我后脖领子把我从危险中救起没摔马趴，可她给我爸照相却掉进了井里。那我也不觉得她笨。

她有时候会因为张免费停车券不惜走个几千步，但是我说买个滑水板子她立马说我送你。一直觉得她会以为我巨大的马鞍子是灯罩，但她笑眯眯地说我们大水瓶又不是傻子。她做事儿和对人永远都是百分之百，不留余地，尤其在爱这方面。

回忆起很多个成长的瞬间，我妈经常满怀激情地要和我爸投诉或者叙述一件她觉得很激动的事，我爸会很酷地笑眯眯地看着她说："好，倒杯酒。"她好多个天马行空的设想，会被我一句话像雷般劈掉。然后，虽然没有然后了但她总能整装待发再燃起熊熊烈火。

长大之后，我妈觉得我比她有脑子，凡事都和我商量，找我吐槽。我其实就是一个样子货，闺密圈里出了名的口贩子。好多时候我并没有更好更聪明的想法，只是当你开始脆弱了我必须坚强。真抱歉我没能出类拔萃地在事业上平步青云，到了这个年纪还不靠谱整天让你提心吊胆，暂时还没有个稳定的归宿，也还没太想好要什么。但我会做一个很坚强善良的女孩。

　　这是我唯一能为你做的。

　　对于爱，
　　她只有一个守则，
　　从一而终，
　　坚持到底，
　　不离不弃。

　　我爸说她太笨了，也许吧。

居然分了三次才能看完这个奥斯卡的获奖作品。

曼彻斯特的海边，此处不具体剧透此片的这个海边小镇像极了我曾经生活的城市，停泊的船只，稀少的人群，深厚的积雪，冷冷的呼吸。看到一半忍不住停下来搜索故事的发生地，这也是逃避悲伤的一种方式。

我想此片获奖的一大特别原因，是极强的真实感，毫无掩饰地剖露生活。然后，又以最现实的手法结束。伴随着海浪波涛的声音，低沉的小提琴曲，还有一度忧郁的蓝色，给我们留有太多空间去悲伤。

我想起了曾经在海边画画的日子，一坐就是几个小时。还有COFFEE MERCHANT 的蛋糕和少不了的红酒。

与千篇一律的灾难片不同，这里的主人公，不是一个能够拯救世界的救世主。他经历了死亡、堕落、放弃，到后来苟延残喘地继续。生活中我们都必须面临的现实，往往文学作品中要么被戏剧化，给观众一个皆大欢喜的结局，或者再往死了虐，更加戳人心地悲情。

此片导演没有。他真实地展露了一切，并告诉我们——

**关于生活的坎儿，
有的人能过去翻篇儿，
有的人则不能。**

有些人选择不给自己喝心灵鸡汤和尝试向往未知的美好，也不去被救赎被原谅。

说到底人生走一转，不过都是自己的选择，和自己选择被选择。

这大概就是本片最让人心塞的地方。当所有人选择MOVE ON，但你已经被原谅，当观众抱着极强的期待感期盼着男主角能让自己的情绪释怀。可他说：THANKS FOR TELLING ME THIS.（谢谢你告诉我这些）他已经无力也忘记如何去爱了。

然后他又说：对不起我回不去了。

不是所有人，都能将记忆的碎片粘好了重新来过，也不是所有人都能开启新的篇章。这并没有错与对。就像有些情侣分道扬镳了，一个过上了更积极的生活，另外一个却原地踏步。

我选择不再快乐，可我依然愿意看着你快乐，看着侄子终于睡到了心仪的妞儿，全片男主角首次微笑。

我居然没有勇气写下去，年纪大了，怕噎。抱着我的鲸鱼，睡了。

晚安！

我的 蜜

今天什么故事都不能写，只能聊她。
这是我送给她的生日礼物，我的蜜。

我们相识在"乱马1/2","美少女战士",和满大街音像店都放着李春波的《小芳》的年代。我是个转校生,第一天上学我记得只说了四句话,除了"谢谢"就是"嗯嗯嗯"。我是极度腼腆的,尤其在生人面前。

　　这是我们相识的时候彼此的样子,我蜜是个很聪明很爱学习很靠谱的孩子。不用多久,我在新的学校发现大千世界的美好:放学回家路上到我蜜家看动画片,看男生踢球虽然根本看不懂,临摹美少女战士里面每一个漂亮的长腿妞儿,或者抱着电话蒙着被子煲电话粥,可就是不喜欢写作业。

面对我每次大眼忽闪地央求，她每一次的回答也都是那句："好吧，下不为例"。她一定没想到，帮人家写作业，最后真能写一辈子。

　　初中的时候我们不在一个学校，可几乎没有一天不见面，我老是有各种各样的理由诈唬她来找我：给她买好喝的旺仔牛奶，央求她晚上不要走，给她捶肩捏背，什么杂事儿我都干，可我就是不写作业。

　　我蜜每次一边写，一边听着范晓萱，嘴上唱着还嘟嘟着："你真的就那么笨吗？"

　　事实证明我真的就那么笨。

时光飞逝，我们一起度过了十几年的学生时代，我们分别去往了不同的国家。很长一段时间因为网络不方便竟然失去了联系，也就是那些年，我们彼此的人生都发生了梦一样的变化。按道理，命运可以改变人，更容易淡化一段感情。后来我们也都感叹曾经和自己多要好的谁谁谁，现在连句话都说不上。

直到又联系上彼此，虽然相隔两地，多年没见，我们完全不需要暖场地巴拉巴拉就开聊。第一次再见面，我工作到午夜，她在外面等了我个把小时，怕我犯懒又堵在我家门口，拉扯着我喝酒，话不出两句，感觉一切没变。

一切别来无恙。

很多人因为生活而改变自己的模样，再重逢时已让我们变得不敢相认。就像我从来都不推荐分手后再见前任，因为既然有原因分开，再见面时对方也许早就不是你怀念中的那般。

但是她没变，她直接、爽朗、靠谱、八卦，还是小时候的小圆脸，笑起来的时候眼睛会眯成一条缝。她看起来比我瘦弱比我娇小（当然主要是因为没有胸！）可我却真心地怕她。能对你造成威胁造成伤害的，一定都是你最在乎的人，此话真的没错。我蜜身上有种别的女孩子不具备的坚韧铿锵，还有勇往直前的混不吝。她是典型的白羊女，脾气上来了谁都搂不住，火爆得不行不行的。简单，粗暴。

　　曾经试过谈恋爱不告诉她，被她逼问到凌晨三点不让睡觉；也曾无数个昼夜拉扯着她，恳求她听我说故事；近几年她目睹了我人生最大的转折和最谷底的谷底。

　　有次我说："想喝醉。"
　　她不过问任何原因，说："喝吧，反正我把你弄回去。"

　　我记得她告诫过我周围的男人们——

对我不好，杀无赦。

我们不是亲人，我们胜过亲人；我们是好朋友，我们胜过闺密。她总是故作坚强地劝我不要太感性，可看了我写的故事自己在家哭得稀里哗啦；她让我看清世道不要傻乎乎地投入，可又着急地帮我找归宿；每次我喝大了总是第一个打电话给她，她会说："去你大爷我敷面膜呢。"然后披上衣服开车就奔向我。她帮我挡过好多好多的酒，也替我屏蔽掉不靠谱的烂桃花，她严格控制我的开销，说以后交男朋友一定让她来面试因为我瞎。

她像一个大姐姐一样，无时无刻不保护着我，我又何尝不想保护她。

每一个生日，她尽最大的耐心去让我快乐，胜过任何一个男人。有天我哭着问她，如果哪天我离开了这个世界，你会想我吗？她会真的动气骂我，说去你妈的你给我好好活着，大口大口地吃饭，该喝酒喝酒，继续你的精彩。

我们每次见面都会留一张照片，一年到头我们会计算365天总共见了多少次。有段时间回去得少，她顺势叫我"大姨妈"，一月一次。她说，什么时候能生活在同一个城市里，大宝天天见。我让她把我微信的昵称改成"金宝宝"，她说才不要。后来有次发来截屏，我看到自己果然荣升为宝宝了，甚是开心。她说自从把微信背景换成我和她的合影以后，曾经认为是她的闺密的人都不高兴了。她总是说，也不知道上辈子欠了你什么，为你操碎了心。

有人说保护女人是男人的天经地义，也有人说你无法去选择亲人，还有人说女人之间的感情很脆弱，多少年的交情有男人就完犊子。但你相信吗？任何一个时间任何一个节点，我半点不犹豫地都会选她。

在悬崖边勒马，
在孤独时陪伴，
放任你去飞，
任由你任性。

这是我唯一能为你做的。抱歉这么多年，我还是看不懂有分子分母的数字，抱歉我没活成你期待般的幸福样子，抱歉我对爱情还是满心欢喜满心期待无法思考，抱歉好多时候，我不能及时出现在你身旁。

你一边骂着一边提供答案给我，你着急地帮我寻找方向无条件地支持；你看着我快乐，你会微笑；你会买我喜欢的恐龙给我，你会硬着头皮耐不过我的哀求去看《七月与安生》。

我想从一开始，我们就选择了相爱。时光荏苒，岁月如梭。一直到老，不离不弃。

生日快乐，我的蜜。我爱你。

幸福是一种决定，
你想好了，那就会幸福了，
哪怕天上并没有掉馅儿饼。

图书在版编目（CIP）数据

别着急，反正一切来不及 / 金小安著；谈朔绘 . 一北京：现代出版社，2018.7
ISBN 978-7-5143-4624-4

Ⅰ . ①别… Ⅱ . ①金… ②谈… Ⅲ . ①女性 - 成功心理 - 通俗读物
Ⅳ . ① B848.4-49

中国版本图书馆 CIP 数据核字（2018）第 100523 号

别着急，反正一切来不及

作　　者	金小安
绘　　画	谈　朔
责任编辑	赵海燕
出版发行	现代出版社
通信地址	北京市安定门外安华里 504 号
邮政编码	100011
电　　话	010-64267325　64245264（传真）
网　　址	www.1980xd.com
电子邮箱	xiandai@vip.sina.com
印　　刷	北京瑞禾彩色印刷有限公司
字　　数	150 千字
开　　本	880mm×1230mm　1/32
印　　张	6.5
版　　次	2018 年 7 月第 1 版　2018 年 7 月第 1 次印刷
书　　号	ISBN 978-7-5143-4624-4
定　　价	48.00 元